U0686193

好心态 好性格
好习惯

梦华 编著

吉林文史出版社
JILIN WENSHI CHUBANSHE

图书在版编目（CIP）数据

好心态　好性格　好习惯 / 梦华编著. -- 长春 : 吉林文史出版社, 2017.5
（2018.1重印）

ISBN 978-7-5472-4228-5

Ⅰ.①好… Ⅱ.①梦… Ⅲ.①成功心理－通俗读物 Ⅳ.①B848.4-49

中国版本图书馆CIP数据核字(2017)第119017号

好心态　好性格　好习惯
HAOXINTAI HAOXINGGE HAOXIGUAN

出 版 人　孙建军
编 著 者　梦　华
责任编辑　于　涉　董　芳
责任校对　薛　雨
封面设计　韩立强
出版发行　吉林文史出版社有限责任公司（长春市人民大街4646号）
　　　　　www.jlws.com.cn
印　　刷　天津海德伟业印务有限公司
版　　次　2017年5月第1版　2018年1月第2次印刷
开　　本　640mm×920mm　　16开
字　　数　204千
印　　张　16
书　　号　ISBN 978-7-5472-4228-5
定　　价　45.00元

前　言

好心态铸就好性格，好性格养成好习惯，好习惯带来好命运。良好的心态、性格、习惯是人生成功必备的三大法宝。一个人如何在激烈的竞争中生存立足、求得发展，与自身的性格、心态和习惯有着至关重要的联系。

什么是心态？心态就是你自己对人、对世界的看法和态度。可以说，心态影响状态，心态主宰成败。积极心态可以使你学到处世的智慧和做人的道理，使你的人生之路越走越宽，生命的价值越来越大，成就事业，获得幸福；消极心态则很有可能会使你人生的航船驶入浅滩，从而失去发展的机会，一生与困苦和不幸相伴，成为人生的失败者。

心态具有强大的推动力量，有怎样的心态，就会产生怎样的行动。同一件事情，由具有不同心态的人去做，其结果必然不同。好的心态就像阳光一样，是能量之源，是快乐之本。当我们的心灵充满"阳光"时，我们的生活也一定会变得充满欢笑、丰富多彩。无数成功人士所走过的路均证实了这样一个真理——好心态是成功的关键。具备乐观的心态，你的心理年龄会永远年轻。当你朝着奋斗的目标迈进时，好心态会增加你的愉悦与自信，使你充满力量，去获得财富、成功，从而攀登到人生的顶峰，实现梦寐以求的奋斗目标。

什么是性格？性格是人们在社会交往中所表现出来的一种个性，是人的心理特征的外在表现。性格的形成很复杂，它既有先天的、遗传的因素，也有后天的、社会的因素。而性格的特点就是一旦形成即相对稳定，较难改变，所以人们常说："江山易改，本性难移。"

在这个世界上，没有任何两个人的性格是完全相同的，而人的性格也蕴藏着巨大的能量。一般来说，性格支配行为，有什么样的性格便会有什么样的行为。好的性格可以让你在错综复杂的人际关系网中游刃有余，在坎坷的人生之路上战无不胜，可以助你走向成功的彼岸；而坏的性格则会在你的成长之路上不断设置障碍，使你迷失前进的方向，甚至会将你推入万丈深渊。一个人身上所具有的好性格越多，与成功的距离就会越近。好的性格是一个人取得成功的内在动力，它的力量能够帮助我们穿越前进道路上的障碍，并能在潜移默化中影响我们的人生轨迹。这正如著名成功学大师卡耐基所说"性格决定命运"，所以，我们需要培养自己具有良好的性格。

什么是习惯？习惯是由一个人行为的累积而形成的某些固定行为，是人们生活中习以为常的行为举止，它铸就能力，左右人生。美国著名成功学大师拿破仑·希尔说："习惯决定成败。"习惯在我们不知不觉的反复重复的过程中，会逐渐变成我们本能的一部分。几乎所有的成功人士身上都有这样一个共性，那就是具有良好的习惯。正是这些好习惯，帮助他们开发出更多的潜能，使他们成就梦想，踏上辉煌的发展之路。也有无数失败者用惨痛的事例证明：正是那些不良的习惯使他们离成功越来越远。所以，许多人之所以没有成功，或者成功得很慢、很艰难，没有养成一个好习惯便是原因之一。

心态是人生的基本态度，它影响着我们的日常判断；性格是我们特性的标志，它决定了我们的行为取向；而习惯是我们行为的潜意识反应，它反映了我们的修养和道德水平。它们相辅相成，在人成功的路途中，缺一不可。

本书从人成功必备的三大法宝——心态、性格、习惯入手，将丰富动人的小故事与启人深思的哲理相结合，用睿智、生动的语言，由表及里、由浅入深地向人们诠释了心态、性格、习惯在我们人生中举足轻重的地位，并告诉人们如何改变消极的心态，拥有阳光般的心境；如何认识自己的性格，用性格来改变人生；如何培养良好的习惯，成就自己的一生，传授给人们成功的经验和方式。

好心态、好性格、好习惯是一个人成功必备的基本素质。如果你将本书讲述的方法付诸实践，充分运用自身的力量应对人生的一切险阻，开发出自己的潜能，改变生存的现状，创造崭新的生活，你就会成为自己命运真正的主人，并由此迎来成功，成就梦想。

目　录

上篇　好心态

中篇 好性格

下篇　好习惯

第四章 杰出员工的 12 个习惯

上篇

好心态

第一章
心态决定命运

人的一生中，总要遭遇各种挫折和困难，承受各种痛苦和失败，以怎样的心态看待人生，决定着一个人最终能否走向成功，能否获得幸福；也决定着一个人的命运。面对同样的境遇，悲观者看到的是阴霾满天，乐观者看到的是灿烂美景。境由心生，心造幸福。要拥有成功的幸福人生，就要拥有好的心态。

心情的颜色会影响世界的颜色

有人把世界上的人分为两种：成功的人和失败的人。这两种人在本质上并没有什么区别，只是他们在日常生活中拥有的心情不同，准确地说，是他们控制自己心情的能力有所不同。

很多人之所以能够成功，并不是因为他们在人生道路上有多么的一帆风顺，也不是因为他们的能力有多么的超群，而只是因为他们善于控制自己的心情，能在狂风暴雨中看到美丽的彩虹，甚至能在一败涂地中看到美好的未来，并时刻保持一种良好的心理状态，不为暂时的失败而沮丧。

相反，许多人之所以失败，也并不是真的像他们所说的那样缺少机会，或者是因为资历浅薄，更有甚者说是老天无眼，给自己的保佑不够多，但究其原因，仅仅是这些人不会控制自己的心情，任自己的情绪由着面前所发生的事情随意操纵。

总而言之，成败得失都在于两个字——心情。心情好，则事成；心情坏，则事败。

生活中的非理性因素实在是太多了，以至于我们常常会因为这些非理性的因素而控制不住自己的心情，导致发生了一些原本不该发生的事情。

经过分析，这些困扰人类多年的非理性因素主要有如下几种：嫉妒、愤怒、恐惧、抑郁、紧张，以及狂躁和猜疑。这些都是再平常不过的心理因素，但看似极其平常的心理因素，却往往可以决定一个人的成败得失。

这些心理因素的总和也被称为心态。

一位哲人曾经说过：心态是一个人真正的主人，要么你去驾驭生命，要么生命驾驭你，而你的心态将决定谁是坐骑，谁是骑师。

良好的心态可以实现更多的自我价值，相反，消极的心态则会妨碍自我价值的实现。

一个阳光的人，乐观开朗，那么他做事的态度就是很积极的，不管是在工作中还是在生活中，往往都能很好地完成任务，因此这类人在一定的时间里自我价值的实现也就相对比较多。自我价值实现得越多，自我肯定的成就感也就越多，这使得他能拥有好的心情，他的生活中将形成一个良性循环。

相反，一个消沉的人，只知道悲观、抑郁，整天愁眉苦脸地面对生活，不管做什么事情都不积极，甚至错误百出，那么他的自我价值就会实现得越来越少。自我否定的因素逐渐增加，就使他的心情更加消极抑郁，在他的生活中就会形成一个恶性循环。

因此有人说，积极的心态会创造阳光的人生，而消极的心态则会让人生充满阴霾；积极的心态是成功的源泉，是生命的阳光和指路灯，而消极的心态是失败的开始，是生命的无形杀手。

曾经有两个人一起在黑夜的沙漠中行走，水壶中的水早就喝完了，两个人又累又饿，体力渐渐不支了。在休息的时候，其中一个人问另一个人："现在你能看到什么？"被问的那个人回答道："我现在似乎看到了死亡，似乎看到死神在一步一步地靠近。"

发问的这个人听后微微一笑，说："我现在看到的是满天的星星和我的妻子、儿女等待我回家的脸庞。"

最后，那个说看到死神的人真的死了，就在快要走出沙漠的时候，他用刀子匆匆结束了自己的生命；而另一个说看见星星和自己妻子、儿女脸庞的人，靠着星星的方位指示成功地走出了沙漠，并成为了人们心目中的英雄。

其实这两个人的境遇并没有什么区别，仅仅是当时各自的心态有所不同，到最后却演绎了两种截然不同的命运。因此一个人的心情往往会关系到一个人的命运，要想时刻都过得愉快，就得让自己的心情永远都在你的掌控之中。要知道，你拥有什么样的心情，世界就会向你呈现什么样的颜色。

心态操之在我

"心态操之在我"可以理解为：自己情绪的控制完全在于自己，要完全把握自己的情绪，积极主动，使自己的情绪不被别人所左右。

心态不能"操之在我"，你将受制于人。受制于人的人容易被自然环境左右，被天气环境左右，天气好心情好，天气不好心情也不好；受制于人的人容易被别人左右，别人的行为会伤害他，别人的语言也会伤害他。受制于人的人往往过于感性，但心态操之在我的人是理智重于感情的人，他们不会让别人的行为伤害到自己。

很多乐观的人都善于控制自己的情绪，能够让自己活在快乐之中。人生在世，总会遇到很多悲伤与痛苦，如果不能操控自己的心态，不能掌控自己的情绪，就会成为情绪的奴隶，又何来乐观心态？斯摩尔曾经说过："做情绪的主人，驾驭和把握自己的方向，使你的生命按照自己的意图提供报酬。记住，你的心态是你（而且只是你）唯一能够完全掌握的东西。学着控制你的情绪，并且利用积极心态来调节情绪，就能超越自己，走向成功。"

悲观的人总是受累于情绪，似乎烦恼、压抑、失落以及痛苦总是接二连三地袭来，于是他们频频抱怨生活对自己不公平，企盼某一天欢乐能够降临。但喜怒哀乐是人之常情，想让自己生活中不出现一点儿烦心之事几乎是不可能的，关键是如何有效地调整、控制自己的情绪，做生活的主人，做情绪的主人。

其实，在我们的日常生活里，在我们的事业中，在我们渴望成功，甚至正在走向成功的道路上，都会出现大大小小、不同程度的挫折和失败，我们应该尝试通过心理调控去战胜自我、战胜环境，使自己安然地渡过危机。

由于苦难、逆境，产生和造就了一些伟大的人物，因此在很多人的心目中便形成了一种对苦难和逆境的崇拜，而这种崇拜往往是盲目和消极的，实际上并非如他们想象的那样。不论逆境还是顺境，都要有一种积极健康的人生态度，即使步入顺境也要努力为自己设置新的高尚目标，并在追求这一目标中迎接新的困难和挑战，从而发展和完善自己的人格，绝不可以倒退或停留。总之，在困苦中应该保持积极的心态。

一个有抱负的人，必定想在社会中实现自己的理想，让自身价值得到社会承认。但是我们每跨出一步，必然会遇到一些意料不到的阻力。不同的环境对人的作用是不同的。顺境与逆境、苦难与幸福使当事者付出的代价也是不同的。

人生的哲学不是在陈述和分析这些代价后使人见异思迁，或替自己的堕落与沉沦辩护，而是帮助人们认清现实，更好地适应自身地位的沉浮与所处环境的变迁，应明白一点：心态操之在我，做自己的主人。

目标的高度决定人生的高度

一个人如果失去了目标，就失去了方向，就会成为在原地徘徊的庸人。

人生的目标有大小之分，有人说目标向上看是信仰，向下看是意识；向远看是志向，向近看是计划；向外看是抱负，向内看是责任。这就是说，任何伟大的目标，没有植入你的内心或没有成为切实可行的计划之前，都是一种空想，只能画饼充饥，毫无现实意义。只有靠切实的行动，才能实现自己的目标。

人生中最大的目标可以说是理想。积极的人必然有远大的理想。理想是对未来的追求，是远方的希冀，它给人战无不胜的力量，所以有人说，理想是人生的太阳。

著名诗人流沙河曾这样描写理想：

理想使忠厚者常遭不幸，

理想使不幸者绝处逢生。

平凡的人因有理想而伟大，

有理想者就是一个"大写的人"。

……

一个拥有远大理想的人通常也会拥有执着的心态和行动。他不会为了一时的安逸而不思进取，甚至放弃自己的远大目标。他们的手中都会有一架"望远镜"，用来眺望人生的最前方。

拥有目标的人总比消极待事者更具爆发力，更能创造出好的成绩。

目标是人们经过深入思考后获得的一种美好的愿望，它具有坚定性和稳定性，一旦形成，很难改变。因此，目标能使人迸发出生命的潜能，使人能忍受身心的折磨和痛苦，使人爆发出巨大的勇气和能量。

有两位同是年届 70 的老太太，一位认为这个年纪已是"古来稀"了，于是开始料理后事，不久就告别了人世。而另一位却不在乎自己的年龄，她要做自己喜欢的事，于是她制订了一个登山的计划，冒险攀登高山，先后登上了几座世界名山。在她 95 岁高龄时，她竟然登上了日本的富士山，打破了登此山的最高年龄纪录。她就是全美鼎鼎有名的胡达·克鲁斯老太太。

　　不同的目标促使人产生不同的心态，不同的心态会导致人做出不同的行为。所以建立正确的、强烈的目标会使你的人生充实而有意义。

　　每个人给自己的人生赋予的色彩是丰富多彩的还是暗淡无光的，全看你制订了什么样的目标。可见，目标对个体的发展具有决定性的作用。

　　有一种有趣的现象，那就是运动员在竞争激烈时的表现通常比平时训练要好得多，这是体育比赛已证实的。高尔夫选手、网球运动员、足球运动员、拳击选手都具有一种趋势，他们在普通比赛时惯于虚度光阴，这就是为什么体育世界中有许多"轻微的病"。如果是真正的竞争，你就得设定远大的目标，它刺激你，使你尽最大的努力。当你处于最佳状态，尽最大努力时，晚上躺在床上你才能对自己说："今天我尽了最大的努力了。"然后很满足地睡去。只要你找到远大的目标，就不会到头来仅做了少数无价值的事物。远大的目标会激发你全身的荷尔蒙，让你感到兴奋。如果生命充满了伟大与刺激，你就会更有干劲。

　　你对生命的看法大体决定了你能从生命中得到什么。取一根铁条，将它制成门的制动器，它就值1美元；用来制作马掌，它就值50美元；将它精炼成优良的钢，并且用来制造钟表的主发条，它就值20 000美元。

　　看待铁条的方式不同，它最终的价值就会不同。同理，你对未来的不同看法也会使你拥有不同的未来，产生不同的结果。不管你是美容师、家庭主妇、运动员，还是学生、推销员或商人，你都应该有一个远大的目标。而布克·华盛顿说："人以达到目标所克服的障碍之大小，来衡量其成就的大小。"

　　积极者拥有远大的目标，它就像一个望远镜一样，让你看向更远处的美丽风景，而不是只局限于眼前的狭小天地。

积极心态：最大限度地利用潜意识挖掘自身的潜能

消极失败的心态之所以会使人怯懦无能，走向失败，是因为它使人放弃了对伟大潜能的挖掘，让潜能在那里沉睡，白白浪费；积极成功的心态之所以会使人心想事成，走向成功，是因为它使人能够最大限度地利用潜意识，挖掘出自身的巨大潜能。

人们都渴望成功，那么，成功有无"秘诀"？这里，我们就要把一个"秘诀"告诉你：成功者之所以取得成功的根本原因就在于他能够运用潜意识挖掘出自身无穷无尽的潜能。任何成功者都不是天生的，只要你抱着积极心态去挖掘你的潜能，你就会有用不完的能量，你的能力就会越来越强。相反，如果你抱着消极心态，不去挖掘自己的潜能，那只有叹息命运不公，并且越来越消极无能！

每一位在通往成功的大路上艰难前行的跋涉者，都必须学会利用潜意识去挖掘自身的潜能，因为这是通往成功的"捷径"。在适当的时候，用适当的方式，这种潜能就能发挥出无穷的力量，创造出一个又一个奇迹。

刘翔在雅典奥运会上打破了黑人选手对田径短跑项目的垄断，起跑只用了 0.139 秒；世界心理学大师罗扎诺夫的学生一天能学会 1200 个外语单词；而曾严重口吃的美国人乔·吉拉德，居然能够成为全球最受欢迎的演讲大师之一……

他们都超越了人类以往认识的极限，带给我们新的奇迹。

由此可见，只要抱着积极的心态开发你的潜能，你也会像他们一样，有用不完的能量，而后走向成功、成就伟业。

然而，面对这一巨大宝藏，很多人却常常忽视，他们总是用消极掩埋自己的潜能，让它伏于冰山之下。

一份心理学研究报告表明，几乎所有的人都只发挥出其能力的 15%。

在这份报告中，我们看到不能发挥其余 85% 的力量的根源在于恐惧、不安、自卑、意志薄弱及罪恶感，将所有的原因综合起来，可以说是"与外界的不调和"。不能包容外界，消极对待自己，这等于是给自己的能力踩了刹车。

积极地与外界进行调和，能使自己的能力发挥到淋漓尽致的地步。

弗洛伊德曾利用无数的实验来证实他的看法，他说：人的能力、本性等大都存在于未发掘出来的部分，就像大部分冰山潜藏在水底一样。这就是著名的冰山理论。他将这些本能和习性中不被人所看到的绝大部分称之为"潜在意识"，简单地说，就是"盲目性的心的动作"。正因为这种作用是盲目性的，所以是很真实的，而且不能忽视。

潜意识能量的爆发，通常会让肉体和精神都产生意想不到的奇迹变化。潜意识的力量无穷。在一场车祸中，丈夫被压在车轮下，娇小的妻子在千钧一发时竟抬高车轮将丈夫救了出来！"疯狂"的人受到潜意识中的巨大能量所驱使，可以产生在正常时无法想象的破坏、抬起、弯曲及粉碎的力量。

拥有积极的心态，不停地挑战自我、挑战极限，就可以挖掘出潜在水面下的冰山——潜能。在发掘潜能、不断前行的过程中，人们总会遇到很多困境，但只要你用积极的心态去面对，困难和挫折都可以转变成为潜能的驱动力。

可是令人遗憾的是，有史以来，仅有极少数的人能够充分发挥自己的潜能，这实在是一件可悲的事。

我们怎样才能将潜能正确引导出来呢？

1. 在使用中挖掘潜能

要挖掘潜能，必须使用已有的能力。只有使用能力，才能产生实际作用。哪怕你已经具有了某种能力，可是搁置一旁，废弃不用，严格地说它也只能算是潜在能量，对现实毫无作用。很多没上过专门学校的推销员比那些专门学营销专业的大学生的推销能力强得多，这正是由于他们在"使用中开发潜能"的缘故。

2. 选准最易突破的一点

面对五花八门、种类繁多的各种潜能，并不需要你对每一种潜能都投入完全一样的时间成本、精力成本去大力开发。那不仅会分散有限的精力，而且也很不现实。我们在全面了解、重视整体潜能的同时，还应根据自己的优势，集中力量，选准一种关键潜能进行开发，取得突破，这样才能盘活整体潜能。开发潜能一定要选准最易突破的一点，以求尽快突破。

3. 充分考虑自身的天赋、资质等客观条件

要根据自身的天赋和资质，特别是根据自身的优势和特长来确定应当着重开发的潜能。只有这样，才能使潜能的开发事半功倍。人人都有自己的优势才能，人人都有自己的最佳发展区。开发潜能一定要根据自身的天赋、资质等条件，大力开发优势潜能，否则会费时费力还少有成效。最新教育观提出：由于每个人的特点不同，故而"每个人都应当有自己的课程"。每个人开发潜能，都要根据自身特点，设计出自己开发、利用潜能的蓝图。

4. 承受适当的压力

人往往都有惰性，只有在一定的压力下才能最大限度地开发自身的潜能。压力是促使人进步的最好动力。著名科学家贝弗里奇说："人们最出色的工作往往是在逆境中做出的，思想上的压力，甚至肉体上的痛苦，都可能成为精神上的兴奋剂。很多作家、画家平时灵感难寻，只有在交稿时间迫近造成的压力下，大脑里才容易涌现出灵感。""创造学之父"奥斯本说："多数有创造力的人，其实都是在期限的逼迫下从事工作的。决定了期限，他们就会产生对失败的恐惧感，因此，在工作时就会加上情感的力量，会使得工作更加完美。"他还说："谁被逼到角落里，谁就会有出奇的想象。"当然，压力不能过大，压力过大，就会把人给压怕了、压趴了。适度的压力，不但是行动的最好保障，而且往往能使人把潜能发挥到极致，从而创造出令人震惊的奇迹。

接受自己，迎接阳光

对所有人来说，正确评价自己、接受自己至关重要。一个人如果连自己都无法接受，那就根本谈不上喜欢自己以及正确地评价自己。

不接受自己的人常常心情郁闷，对生活中的一切都没兴趣；他认为自己思想怪诞，怀疑自己患有某种精神病；他还常常会抱怨周围的亲友、同事、邻居不能理解他。实际上，他没得任何精神病，问题在于他不能接受自己，因而影响到他对别人的认识，并进而产生其他方面的认知困难。

只有接受自己，才能建立正确的自我观念，才能适应环境，促使性格健康发展。接受自己，去除自卑感，是让一个人能够迎接阳光的重要保证。

这个世界上没有十全十美的东西，也不存在完人。但在认识自我、看待别人的具体问题上，许多人仍然习惯于追求完美，对自己要求样样都好，对别人也往往是求全责备。

人是可以认识自己、操纵自己的，人的自信不仅在于相信自己有能力、有价值，同时也在于相信自己有缺点和毛病。我们放弃了完美，就会接受我们每个人的两重性是不可改变的。所以，我们应当保持这样一种心态和感觉，要知道自己的长处、优点，也要知道自己的短处、缺点，知道自己的潜能和心愿，也知道自己的困难和局限，自己永远具有灵与肉、好与坏、真与伪、友好与孤独、固执与灵活等多方面的两重性。

自我容纳的人，能够实事求是地看自己，也能正确理解和看待别人的两重性，这样就可以抛弃骄傲自大、清高孤僻、鲁莽草率等等导致失败的弱点。我们以这种自我肯定、自我容纳的观念意识付诸行动，就能从自身条件不足和所处环境不利的局限中解脱出来。

任何人都有缺点和弱点，任何人也都是无知无能的，只不过表现在不同的事情上而已。因而，人人在自我表现和与人交往中都难免有笨拙的表现。有些人由于不能实事求是地对待自己的缺点，不能拿出勇气去革新自己、突破自己，所以，他们情愿不做事、不讲话、不玩乐交际，也不愿意在别人面前暴露自己的弱点。如在灯火绚丽、乐曲悠扬的宴会厅里，他们很想站起来跳舞，可是因为怕别人笑话自己笨拙，就宁愿做一晚上的看客。跳得好的人越多，他们就越鼓不起勇气。

美国著名的管理学家彼得·德鲁克在《有效的管理者》一书中写道：倘要所有的人没有短处，其结果最多是一个平庸的组织。所谓"样样都是"，必然"一无是处"。才干越高的人，其缺点往往也越明显——有高峰必有深谷。

谁也不可能是完人，与人类现有的博大的知识、经验、能力的汇集总和相比，任何伟大的天才都不及格。一位经营者如果只能见人之所短而不能见人之所长，从而执着于挑其短而不着眼于其长，那么这个经营者本身就是弱者。我们必须不断提高和完善自己，必须学会自我肯定、自我接受，才能正确地认识自我价值。

那么，怎样才能增进自我接受感呢？

首先，要克服完美主义。这个世界并不完美，所以，我们应当"知足常乐"。要容忍体谅，不但要与他人和睦相处，还要做到不苛求自己。不要做时钟的奴隶，记住"欲速则不达"，但要尽可能地在时间限制内完成工作。你还要明白，让所有的人都喜欢是不可能的。"受欢迎"的本意是使他人赏识你本人，而不是一味追求"最好表现"。尝试一下"言所欲言"，坦诚和直率能消除许多障碍与心理压力。要对自己有信心，你和任何人一样有可取之处。勿过分自责，任何人都有彷徨的时刻；勿自卑自怜，你的遭遇并不重要，你对遭遇的反应才是最重要的。

其次，要做到真正了解自己。自知者明，自胜者勇。可以通过比较法（与同龄、同条件的人相比较）、观察法（看别人对自己的态度）、分析法（剖析自己，了解自己的工作）等方法来认识、了解自己。

　　再次，要树立符合自身情况的奋斗目标。这样才有机会充分发挥自己的才智，才能有效地增加自己的自信心。

　　最后，要不断扩大自己的生活经验。每个人都要经历适应环境的过程。在这一过程中你也许发挥了才干，也许暴露了缺陷，这没关系，正反两方面的经验都将促进你对自己的了解。

　　最重要的是诚实坦率、平心静气地分析自己。要有勇气承认自己在能力或品质上的缺陷；要肯定自己的长处，扬长避短；要肯定自己的生活方式，并能够接受事业上的打击。只要能做到以上几点，就能增强自我接受感。

第二章

摆脱消极心态

漫漫人生路上，我们难免会碰到一些让我们遗憾却无法改变的事情，但我们仍然可以有所选择。我们可以把它们当作一种不可避免的情况加以接受，并且适应它们，否则我们只能让忧虑毁掉我们的生活，甚至最后可能精神崩溃。

悲观挡住了你的阳光

20世纪的女作家张爱玲的一生，完整地诠释了悲观给人带来的负面影响有多么巨大。张爱玲的一生聚集了多种矛盾，她既是一个善于将艺术生活化、将生活艺术化的享乐主义者，又是一个对生活充满悲剧感的人；她是名门之后、贵族小姐，却宣称自己是一个自食其力的小市民；她在文章中悲天悯人，时时洞见芸芸众生"可笑"背后的"可怜"，但在实际生活中却冷漠寡情；她笔下的人物均通达人情世故，但她自己无论待人接物还是穿衣打扮均是我行我素、独标孤高；她在文章里同读者拉家常，但在生活中却始终与人保持着距离，不让外人窥测她的内心；她在20世纪40年代的上海大红大紫，几十年后，她却在美国深居简出，过着与世隔绝的生活。所以有人说："只有张爱玲才可以同时承受灿烂夺目的喧闹与极度的孤寂。"这种生活态度的确不是普通人能够承受或者理解的，但用现代心理学的眼光看，其实张爱玲的这种生活状态源于她始终抱着一种悲观的心态活在人间，这种悲观的心态让她无法真正地融入生活，因此她总在两种生活状态里不停地左右徘徊。

张爱玲悲观苍凉的色调，深深地沉积在她的作品中，使其作品产生了巨大而独特的艺术魅力。但无论她用怎样细腻轻快的文字，写出怎样可笑或传奇的故事，终不免露出悲音。那种渗透着个人身世之感的悲剧意识，使她能与时代生活中的悲剧氛围相通，从而在更广阔的历史背景上臻于深广。

张爱玲所拥有的深刻的悲剧意识，并没有把她引向西方现代派文学那种对人生彻底绝望的境界。个人气质和文化底蕴最终决定了她只能回到传统文化的意境，且不免自伤、自恋，因此在生活中，她时而在世俗的喧嚣中沉醉，时而又陷入极度的寂寞中，最后孤老死去。张爱玲的悲剧人生让我们看到了悲观对一个人的戕害是多么的惨重。

四周都是一眼望不到边的沙漠。水已经都喝完了，两个结伴而行的人身陷沙漠中找不到出去的路。水——最要紧的是找到水，已经有一个人因为中暑而不能行动了。同伴把一支枪递给中暑者，再三吩咐："你不要走动，枪里有5颗子弹，我走后，每隔两小时你就对空中鸣放一枪，枪声会指引我前来与你会合。"说完，同伴满怀信心地找水去了。

时间一点点过去，还看不到同伴的身影。躺在沙漠里的中暑者开始怀疑：同伴能找到水吗？能听到枪声吗？他会不会丢下自己这个"包袱"独自离去？

夜幕降临的时候，枪里只剩下一颗子弹了，而同伴还没有回来。中暑者确信同伴抛下他离去了，自己只能等待死亡。他痛苦极了，也害怕极了，他仿佛已经看到沙漠里的秃鹰飞来，狠狠地啄瞎他的眼睛，啄食他的身体……终于，中暑者彻底崩溃了，他拿起枪，将最后一颗子弹射进了自己的太阳穴。

枪声响过不久，同伴提着满壶清水，领着一队骆驼商旅赶来，找到了中暑者温热的尸体。中暑者不是被沙漠的恶劣环境吞没，而是被自己的恶劣心境毁灭了。

其实，很多事情也是这样，乐观情绪总会带来快乐、明亮的结果，而悲观的心理则会使人眼前的一切变得灰暗。

悲观者和乐观者在面对同一个问题时会有不同的看法。下面是一个问题两种见解的典型范例。有两个见解不同的人在争论3个问题。

第一个问题——希望是什么？

悲观者说：是地平线，就算看得到，也永远走不到。

乐观者说：是启明星，告诉我们曙光就在前头。

第二个问题——风是什么？

悲观者说：是浪的帮凶，能把你埋葬在大海深处。

乐观者说：是帆的伙伴，能把你送到胜利的彼岸。

第三个问题——生命是不是花？

悲观者说：是又怎样，开败了也就没了！

乐观者说：是，它能留下甘甜的果。

突然，天上传来了上帝的声音，也问了3个问题：

第一个问题——一直向前走，会怎样？

悲观者说：会碰到坑坑洼洼。

乐观者说：会看到柳暗花明。

第二个问题——春雨好不好？

悲观者说：不好！野草会因此长得更疯！

乐观者说：好，百花会因此开得更艳！

第三个问题——如果给你一片荒山，你会怎样？

悲观者说：修一座坟茔！

乐观者反驳：不！种满山绿树！

于是上帝给了他们两样礼物：

给了悲观者失败，给了乐观者成功。

同样是人，却会有截然不同的人生态度，而不同的人生态度会造就截然不同的人生风景，不同的人生风景会导致截然不同的人生结局。无论面对怎样的环境，有着怎样的困难，都不能放弃自己的信念，要自信地迎接生活的挑战，绝不能让悲观挡住了阳光。

恐惧是人生的大敌

恐惧是人的情感中难解的症结之一。面对自然界和人类社会，生命的进程从来都不是一帆风顺、平安无事的，总是会遭到各种各样的挫折、失败和痛苦。当一个人预料将会有某种不良后果产生或受到威胁时，就会产生一种不愉快的情绪，并为此而紧张不安，程度从轻微的忧虑一直到惊慌失措。现实生活中，每个人都可能经历某种困难或危险的处境，从而体验不同程度的焦虑。恐惧作为一种生命情感的痛苦体验，是一种心理折磨。人往往并不为已经到来的或正在经历的事而感到惧怕，而是对结果的预感产生恐慌。人怕无助、怕被排斥、怕被孤立、怕被伤害、怕死亡的突然降临；同时，人也怕失职、怕失恋、怕失亲、怕声誉瞬息遭毁。其实，让我们恐惧的这些东西并没有那么可怕，可怕的是恐惧本身，恐惧比任何东西都可怕。

整日游荡在充满各种恐惧的世界里的人会呈现出一副布满焦虑和担忧的面孔，在其心目中，似乎人生就是永恒的失意。这真是一件令人惋惜的事情！

恐惧虽然阻碍着人力量的发挥和生活质量的提高，但它并非是不可战胜的。只要能够积极地行动起来，在行动中有意识地纠正自己的恐惧心理，那它就不会成为我们的威胁了。

如果一个人面对令他恐惧的事情时总是这样想："等到没有恐惧心理时再来做吧，我得先把害怕退缩的心态赶走才可以。"这样做的结果往往是把精神全浪费在消除恐惧感上。

恐惧纯粹是一种心理现象，是一个幻想中的怪物，一旦我们认识到这一点，我们的恐惧感就会消失。如果我们都被正确地告知没有任何臆想的东西能伤害到我们，如果我们的见识广博到足以表明没有任何臆想的东西能伤害到我们，那我们就不会再感到恐惧了。

　　弱者的害怕，是在害怕中充满疑虑；强者的害怕，是在害怕中仍然充满自信。

　　害怕是人的正常情绪，压抑自己的害怕只会更加手足无措；可以害怕，但是不能输给眼前的敌人。

　　马克·富莱顿说："人的内心隐藏任何一点儿恐惧，都会使他受到魔鬼的利用。"美国著名作家、诺贝尔文学奖获得者福克纳说："世界上最懦弱的事情就是害怕，应该忘了恐惧感，而把全部身心放在属于人类情感的真理上。"爱因斯坦说："人只有献身社会，才能找出那实际上是短暂而有风险的生命的意义。"

　　循着哲人们的脚步，聆听他们智慧的声音，我们还有什么可以恐惧的理由？

　　勇敢的思想和坚定的信心是治疗恐惧的良药，它们能够中和恐惧思想，如同化学家通过在酸溶液里加一点儿碱来破坏酸的腐蚀性一样。当心神不安时，当忧虑正消耗着我们的活力和精力时，我们是不可能获得最佳效率的，是不可能事半功倍地将事情办好的。

　　所有的恐惧在某种程度上都与人自己的软弱感和力不从心有关，因为此时人的思想意识和体内的巨大力量是分离的。一旦开始心力交融，一旦找到了让自己感到满意和大彻大悟的那种平和感，那么，将真正体味到做人的荣耀。感受到这种力量之后，便绝对不会满足于心灵的不安和四处游荡，更不会满足于萎靡不振的状态。

　　在不安、恐惧的心态下仍勇于作为，是克服神经紧张的处方，能使人在行动之中获得活力与生气，渐渐忘却恐惧心理。只要不畏缩，有了初步行动，就能带动第二、第三次的出发，如此一来，心理与行动都会渐渐走上正确的轨道。

　　恐惧产生的结果多是自我伤害，它不仅会让人丧失自信心和战斗力，还能使人被根本不存在的危险伤害。与恐惧相反，勇气和镇定能使人变得强大，能减少或避免危害。所以，在面对危险的时候，一定要临危不乱，牢记勇者无惧的箴言，这样你才能从容面对生活并且走向成功。

心浮气躁，难以成事

浮躁，乃轻浮急躁之意。一个人如果有轻浮急躁的缺点，是什么事情也干不成的。

有则寓言，说的是宋国有个种田人，为了让自己田里的禾苗长得快一些，就下到田里把禾苗一棵一棵地往上拔。拔完回到家，他对家人说："今天累坏了，我帮助田里的禾苗长高了。"他的儿子听后忙到田里去看，只见田里的禾苗全都枯萎了。

今天用来比喻强求速成反而坏事的成语"揠苗助长"，就源于这个故事。

急于求成是永远不会获得预想的效果的，只有脚踏实地才能获得最终的成功。

浮躁心理是造成人做事目的与结果不一致的常见原因。具有浮躁心理的人，一味地追求速度，他们通常是手脚比脑袋快，想到什么做什么，往往不会考虑结果。他们常常犯揠苗助长的错误，结果只能与成功背道而驰。

小付无论学什么都是半途而废。他曾经废寝忘食地攻读法语，但要真正掌握法语，必须首先对古法语有透彻的了解，而没有对拉丁语的全面掌握和理解，要想学好古法语是不可能的。

小付进而发现，掌握拉丁语的唯一途径是学习梵文，因此便一头扑进梵文的学习之中，可这就更加旷日费时了。

小付从未获得过什么学位，他所受过的教育也始终没有用武之地，但他的先辈为他留下了一些财产。他拿出 10 万元投资办了一家煤气厂，可造煤气所需的煤炭价钱昂贵，这使他大为亏本。

于是，他以9万元的售价把煤气厂转让出去，开办起煤矿来。可他又不走运，因为采矿机械的耗资大得吓人。因此，小付把在矿里拥有的股份变卖成8万元，转入了煤矿机器制造业。从那以后，他便像一个内行的滑冰者，在有关的各种工业部门中滑进滑出，没完没了。

他恋爱过好几次，可是每一次都毫无结果。他对一位姑娘一见钟情，便十分坦率地向她表露了心迹。为使自己能配得上她，他开始在精神方面陶冶自己。他去一所星期日学校上了一个半月的课，但不久便自动逃遁了。两年后，当他认为问心无愧、可以开口求婚之日，那位姑娘早已嫁给了别人。

不久他又如痴如醉地爱上了一位迷人的、有5个妹妹的姑娘。可是，当他上姑娘家时，却喜欢上了姑娘的二妹，不久又迷上了姑娘更小的妹妹，到最后一个也没谈成功。

正如小付困惑的那样，为什么自己付出那么多，却终究一事无成呢？答案很简单，小付总是这山望着那山高，急于追求更高的目标，而不懂得在一个既定的目标上下工夫。殊不知，摩天大厦是从打地基开始的。

小付这种浮躁的心态导致他最后落个两手空空。

很多历史上的名人也用过求速成的方法，但在追求过程中，又转向了下苦功。例如，宋朝的朱夫子是个绝顶聪明之人，他十五六岁就开始研究禅学。而到了中年之时他才感觉到，速成不是创作良方。于是他坚信"欲速则不达"这句话，之后狠下苦功，最后才获得了一定的成就。他有一句16字箴言："宁详毋略，宁近毋远，宁下毋高，宁拙毋巧。"

"涓流积至沧溟水，拳石垒成泰华岑。"这一出自宋代陆九渊《鹅湖教授兄韵》的诗句劝喻人们：涓涓细流汇聚起来，就能形成苍茫大海；拳头大的石头垒积起来，就能形成泰山和华山那样的巍巍高山。只要我们勤勉努力，持之以恒，那么不论自身条件与客观条件如何，都能走上成才建业之路。

所以在生活中，如果想取得成功，就必须静下心来，摆脱速成心理的牵制，看清人生最根本的目的，一步一个脚印地走下去。只有这样，才能达到自己的目的，最终走上成功的道路。

忧虑是一种心理疾病

忧虑是一种过度忧愁和伤感的情绪体验，人有时会有忧虑的心理。但如果总是毫无原因地忧虑，或虽有原因，却不能自控地心事重重、愁眉苦脸，那就属于心理性忧虑了。

忧虑使人在情绪上表现出强烈而持久的悲伤，让人觉得心情压抑和苦闷，并常常伴随着焦虑、烦躁及易激怒等反应。忧虑使人在认识上表现出负面的自我评价，让人感到自己没有价值，生活没有意义，对未来充满悲观；还能让人对各种事物缺乏兴趣，依赖性增强，活动水平下降，变得不愿与他人交往；忧虑过重的人常伴有自卑感，严重者还会产生自杀的想法。

忧虑的核心表现就是郁郁寡欢，忧虑的人常常会无缘无故、莫名其妙地焦虑不安、苦闷伤感。如果再遇上环境刺激时，就犹如火上浇油，会使他们进一步加重忧愁和烦恼。大家所熟悉的《红楼梦》中的林黛玉，就是属于这类忧虑性格的人。一般来讲，性格内向、心胸狭窄、任性固执、多愁善感、孤僻离群的人多带有忧虑倾向。

一个人为什么会忧虑，其产生原因是多方面的，但主要原因来自自我。正像英国作家萨克雷所说的："生活就是一面镜子,你笑,它也笑；你哭,它也哭。"这与一个人的社会经验的多寡是有关的。忧虑的人对社会、对他人的期望值过高，对实现美好愿望的艰巨性、复杂性又估计不足，于是当其愿望与现实之间出现巨大落差时，即产生失落感，进而失望、失意或忧虑。

忧虑的产生还与一个人的生存能力有关。有些人缺乏对复杂社会的适应能力，心理承受能力很低，承受挫折的耐受力很差，个性又特别脆弱，因此容易陷入忧虑甚至走极端。

忧虑这种心理疾病对人的心理是极大的负担，甚至会影响我们的身体健康。有位著名的医生曾这么说过：

"在医生接触的病人中，有70%的人只要能够消除他们的恐惧和忧虑，病自然就会好起来。

不要误以为他们都是装病，他们的病都像你有一颗蛀牙一样实在，有时候比你想象的还严重100倍。这种病就像神经性的消化不良，某些胃溃疡、心脏病、失眠症、头痛症和麻痹症等，这些病都是真病。我这些话也不是乱说的，因为我自己就得过17年的胃溃疡。恐惧使你忧虑，忧虑使你紧张，并影响到你胃部的神经，使胃里的胃液由正常变为不正常，因此就容易产生胃溃疡。

精神失常的原因何在？没有人知道全部的答案。可是在大多数情况下，极可能是由恐惧和忧虑造成的。焦虑和烦躁不安的人，多半不能适应现实的世界，而跟周围的环境断了所有的关系，缩在他自己的梦想世界，借此解决他所有的忧虑问题。"

有科学家对人的忧虑进行了科学的量化、统计、分析，结果发现，几乎百分之百的忧虑是毫无必要的。统计发现，40%的忧虑是关于未来的事情，30%的忧虑是关于过去的事情，22%的忧虑来自微不足道的小事，4%的忧虑来自我们改变不了的事实，剩下4%的忧虑来自那些我们正在做着的事情。

快乐是自找的，烦恼也是自找的。如果你不给自己寻烦恼，别人永远也不可能给你烦恼。所以，每当你忧心忡忡的时候，每当你唉声叹气的时候，不妨把你的烦恼写下来，然后在科学家的分析中为自己的烦恼归个类：它是属于40%的未来，30%的过去，22%的小事情，4%的无法改变的事实，还是剩下的那一个4%？

20世纪60年代，意大利的一个康复旅行团在医生的带领下去奥地利旅行。在参观当地一位名人的私人城堡时，那位名人亲自出来接待。他虽已80岁高龄，但依旧精神焕发、风趣幽默。

他说："各位客人来这里打算向我学习，真是大错特错，应该向我的伙伴们学习：我的狗巴迪不管遭受如何惨痛的欺凌和虐待，都会很快地把痛苦抛到脑后，热情地享受每一根骨头；我的猫赖斯从不为任何事发愁，它如果感到焦虑不安，即使是最轻微的情绪紧张，也会去美美地睡一觉，让焦虑消失；我的鸟莫利最懂得忙里偷闲、享受生活，即使树丛里吃的东西很多，它也会吃一会儿就停下来唱唱歌"。"相比之下，人却总是自寻烦恼，人不是最笨的动物吗？"他总结道。

忧虑的人也许各有各的忧虑，但快乐的人都是相似的。他们在面对人生的各种选择时，总会选择让自己快乐的那一种。

嫉妒是痛苦的制造者

嫉妒是痛苦的制造者，是在各种心理问题中对人伤害最严重的，可以称得上是心灵上的恶性肿瘤。如果一个人缺乏正确的竞争心理，只关心别人的成绩，同时内心产生严重的怨恨，嫉妒他人，时间一久，心中的压抑聚集，就会形成心理问题，对健康也会造成极大的伤害。

因为嫉妒，造成了很多无法挽回的惨剧。有这样一个真实的故事：

对某高级中学三年级1班409寝室的女生而言，2003年1月21日那个凌晨，无疑是一场噩梦。

凌晨2时许，正在香甜的梦中熟睡的8名女生，突然被一声撕心裂肺的惨叫声惊醒。惨叫声是从门边下铺的张静那里发出的。张静不住地喊痛，她原本漂亮的脸变成一片黑色，而且正在起泡，越来越恐怖。大家惊呆了：有人故意用硫酸作恶毁容！

在医院里，大家痛心地看到，张静那张被硫酸烧灼的面孔惨不忍睹。和张静同床的晶晶左手也被硫酸烧伤，幸运的是，她的伤只是轻微伤。

　　此案发生后，女生宿舍一片惶恐，因为遭硫酸袭击的床位其实是晶晶的床位。校方赶紧向公安机关报案。专案组进驻该高级中学。3天后，一个女生提供了一条线索。

　　办案人员立即讯问与晶晶同班的女生马娟。马娟坦白说：2003年1月20日中午，她花了8元钱购买了一大瓶硫酸拿回学校。她要找机会将硫酸泼到晶晶耳朵上，让晶晶尝一尝她的厉害。

　　当晚，马娟早早睡下。凌晨2时许，她端起装有硫酸的白瓷杯，径直走到409室。409室的门凑巧没锁，她轻轻一推，门开了。当马娟走到晶晶的面前时，该寝室里的一位女生正好说梦话。马娟吓了一跳，以为有人看见她了。不知道晶晶和张静同睡一床的她心慌意乱，将硫酸往床上的人的脸上一泼，转身就逃。身后传来张静痛苦的惨叫，她一听，就知道泼错人了。

　　马娟说："因为晶晶比较聪明，比我学习好，1月20日又要考试了，我的压力比较大，决定想办法耽误一下晶晶的学习时间，以免和她的学习成绩相差太远。考虑再三，我选定了泼硫酸这个办法。"

　　法院审理后认为：被告人马娟因嫉妒他人，采用泼硫酸的手段，致一人重伤且造成严重残疾，一人轻微伤。犯罪手段极其残忍，后果特别严重，其行为已构成故意伤害罪。

　　2003年10月14日，泼硫酸的马娟被法院判处死刑，剥夺政治权利终身。

　　是什么让马娟铤而走险，用众人皆知的腐蚀性很强的硫酸毁掉了同学如花的脸庞？是嫉妒！如此看来，嫉妒比毒瘤还要可怕。

　　嫉妒作为人类的弱点，几乎人人都有，只是多与少的不同。这是人性中残存的动物性的一面。据研究者说，许多动物都有嫉妒的本性，比如一只狼会把比它多抢了猎物的同类咬死。一个杂技团驯兽员曾说，一只叫"丽娘"的小狗看到驯兽员接触一只叫"艾玛"的小狗较多时，它竟然嫉妒地把"艾玛"咬死了。尽管我们早已进化成人，但这个"动物性"却与生俱来。当我们还是孩子时，就会因为父母表现出的对其他兄弟姐妹的偏心而心生不快，我们会因他们比自己多吃了一口蛋糕或穿了一件新衣服而生气甚至哭闹。虽然嫉妒是人普遍存在的也可以说是天生的缺点，但我们绝不可因此而忽视它的危害性，特别是当嫉妒已经发展到很严重的地步时，内心产生的怨恨会越积越多，时间久了会形成心理问题，会对健康造成极大的伤害。

空想终是海市蜃楼

许多人往往只是看见理想或是梦想，却从不采取行动。著名的成功学家布莱克说："只想不做的人只能生产思想垃圾。成功是一把梯子，双手插在口袋里的人是爬不上去的。"

没有行动的空想是危险的，它会让美好的梦想化为泡影，毁掉本来充满希望的人生。思与行必须达到完美的统一，仅有宏图大志，却没有实际行动，就会沦为可悲的空想家。空想是没有丝毫价值的，我们应重新审视自我，结束空想，抓紧时间去努力、去奋斗！

有一个落魄的青年人，每隔三两天就到教堂祈祷，而他的祷告词几乎每次都相同。

第一次，他来到教堂，跪在圣坛前，虔诚地低语："上帝啊，请念在我多年敬畏您的分上，让我中一次彩票吧！"

几天后，他又垂头丧气地来到教堂，同样跪着祈祷："上帝啊，为何不让我中一次彩票呢？请您让我中一次彩票吧！"

又过了几天，他再次去教堂，同样重复着他的祈祷。

如此周而复始，不间断地祈求着，直到有一天，他又跪着说："我的上帝，为何您听不到我的祈求？让我中彩票吧！只要一次就够了……"就在这时，圣坛上突然发出了一个洪亮的声音："我一直在垂听你的祷告，可是，最起码你也应该先去买一张彩票吧！"

从故事中我们可以知道：要想实现梦想，必须首先行动！

　　美国女孩西尔维亚和辛迪的经历就是很好的证明。

　　西尔维亚的父亲是波士顿有名的整形外科医生，母亲在一家声誉很高的大学担任教授。她的家庭对她有很大的帮助和支持，她完全有机会实现自己的理想。她从中学的时候起就一直梦寐以求地想当电视节目主持人。她觉得自己具有这方面的才干，因为当她和别人相处时，大家都愿意亲近她并和她长谈。她知道怎样从人家嘴里掏出心里话，她的朋友们称她是他们的"亲密的随身精神医生"。她自己也说："只要有人愿给我一次上电视的机会，我相信我一定能成功。"

　　但是，她为达到这个理想做了些什么呢？她什么也没做。她在等待奇迹出现，希望一下子就当上电视节目主持人。

　　但是，谁也不会请一个毫无经验的人去担任电视节目主持人。而且，节目的主管也没有兴趣跑到外面去搜寻天才，都是别人主动去找他们。

　　而另一个名叫辛迪的女孩却靠着扎实的行动实现了自己的理想，成了著名的电视节目主持人。辛迪没有可靠的经济来源，她白天去做工，晚上去大学的舞台艺术系上夜校。毕业之后，她开始谋职，跑遍了洛杉矶每一个广播电台和电视台。但是，每个地方的经理给她的答复都差不多："没有经验的人我们是不会雇用的。"

　　但是她并未退缩。她一连几个月仔细阅读广播电视方面的杂志，最后终于看到一则招聘广告：北达科他州有一家很小的电视台招聘一名预报天气的女孩子。

　　辛迪在那里工作了2年，后来在洛杉矶的电视台找到了一份工作。又过了5年，她终于得到提升，成为她梦想已久的节目主持人。

　　西尔维亚那种失败者的思路和辛迪的成功者的观点正好背道而驰。分歧点就在于西尔维亚一直是在幻想，坐等机会，期望时来运转；而辛迪则是采取行动步步靠近并实现梦想。首先，辛迪充实了自己；然后，在北达科他州受到了训练；接着，在洛杉矶积累了比较多的经验；最后，她终于实现了梦想。

你可以用尽各种方法，告诉全世界，你有多么优秀，但是你必须通过行动证明。要让别人知道你的成就，你应该先付诸行动，让人认可你的成就。

不要等待时来运转，也不要由于等不到而觉得恼火和委屈，要从小事做起，要用行动争取胜利。

要想让自己的梦想起航，就要一步一个脚印。生活就像种庄稼，种瓜得瓜，种豆得豆，有多少耕耘，就有多少收获，想要实现梦想，就必须行动起来。

真正能把梦想变成现实的只有那些立即行动的人，搁浅梦想你也就丧失了获得成功的能力。我们要想成就事业，就不要只生活在梦想里。

记住，要实现梦想，就必须立即行动！

第三章
积极心态：走向成功的动力

要想获得乐观心态，首先我们必须知道什么是乐观。乐观是无论在什么样的情况下，都可以保持良好的心态，在厄运中依然能够感受快乐的心境。乐观者通常会用快乐去感染他周围的环境。心理学家对快乐的定义是，一种主观上安乐的状态——平衡而满足的内在感受。当我们拥有快乐的时候，会喜爱自己、热爱生活，能够从每一天当中得到乐趣。

积极是永不服老的"年轻态"

每个人都希望自己永远年轻，因而在祝福别人的时候，我们常常会说：青春永驻，永远年轻。但一个人的生命从年轻到衰老，是无法改变的自然规律。为了延缓衰老，让自己多拥有一些年轻时光，人们寻求各种养生秘方，保健品、保健器械、化妆品、医疗美容……过分关注外在的同时，却忽略了保持青春的另一个重要方面：保持一颗年轻的心。

一个人年轻与否，除了生理年龄和外表外，更重要的是心理年龄，即是否拥有年轻的心态。如果只是有年轻的外表，而失去一颗年轻的心，那"年轻"也不会保持多久。保持年轻的心态并不意味着要放弃做一个成年人，回归孩童的幼稚，而是要求我们对待现实的心态更积极一些、热情一些。

对于一个积极生活、热爱生命的人来说，年龄只是一个数字。你若认为自己衰老，就会变得老气横秋；你若认为自己年轻，就会变得生机勃勃。岁月只能在人的皮肤上留下皱纹，失去对生活的热情却会使人的心灵起皱。人的一生必然从青年走向老年，只要珍惜和把握，无论在哪一个年龄段，都可以创造出人生美境。

麦克阿瑟是美国历史上卓有成就的一名五星上将，同时也是获得功勋最多的军人之一。他投身军旅52载，身经两次世界大战，时时刻刻都以"责任、荣誉、国家"为念。他的名言"老兵不死，只有悄然隐去"在人们心中留下深远的回响。

麦克阿瑟一生都十分自信、满怀希望、积极而不疑虑。他晚年时发表了一篇关于年轻的文章："年龄使皮肤和灵魂起皱纹，并使你放弃兴趣、爱好，你有信仰就年轻，你若疑虑就年老；你有自信就年轻，你若恐惧就年老；你有希望就年轻，你若绝望就年老。在心底深处藏有一间记录室，如果永远收到美丽、希望、愉快和勇气的讯号，你就永远年轻；当你的心房被悲观和犬儒主义所掩蔽，你就只有渐渐变老，渐渐凋零了。"

无独有偶，塞缪尔·尤尔曼，一个大器晚成、70多岁才开始写作的作家，在作品《年轻》中这样写道："年轻，不是人生旅程中的一段时光，也不是红颜、朱唇和轻快的脚步，它是心灵中的一种状态，是头脑中的一个意念，是理性思维中的创造潜力，是情感活动中的一股勃勃生机，是使人生春意盎然的源泉。"

年轻，意味着放弃固有的温室和停滞的享受而去开创生活，意味着超越羞涩、怯懦的胆识和勇气。无论是17岁还是70岁，每个人的心里都会蕴含着奇迹般的力量，都会对进取和竞争怀着孩子般的无穷无尽的渴望。在每个人的心中，都拥有一个类似无线电台的东西，只要能源源不断地接收美好、希望、欢乐、勇气和力量的信息，就会永远年轻。

永远年轻的状态是需要用对生活的热情和对挑战的勇气去保持的，否则，你的心便会被玩世不恭的冷漠和悲观绝望的严酷所覆盖，哪怕你才只有20岁，你也会显得衰老。但如果你永远保持热情和"不服老"的精神，捕捉每一个积极进取的音符，那你就会有希望在古稀之年依然保持年轻。

积极向上，重塑自我

有一个成语，叫作"心想事成"。如果一个人总认为自己丑陋，那么他就不能变得俊美；如果一个人总认为自己愚钝，那他也就成不了聪明人。只有怀着积极向上的心态，才能将自己塑造成为一个优秀且富有魅力的人，才能心想事成。

一个心理学家曾做过这样的试验，从大学生中挑出一个看上去最愚笨、最不招人喜欢的姑娘，并要求她的同学们改变以往对她的看法。在一个阳光明媚的日子里，大家都争先恐后地照顾这位姑娘，向她献殷勤，送她回家，大家打心里认定她是位漂亮聪慧的姑娘。结果不到一年，这位姑娘出落得妩媚婀娜、姿容动人，连她的举止也同以前判若两人。她对人们说，她获得了新生。其实，她还是原来的那个她，可又是什么力量使她脱胎换骨呢？答案是：自信心。

自信心的形成有外因的作用。如果一个人生活在被赞扬的环境中，他就会感到自己很优秀，拥有自信；如果总是被呵斥，那么他就会对自己产生怀疑，无法拥有自信。但这只是外因的作用，对于自信的人来说，更主要的是内心，如果一个人始终抱有积极态度，坚信自己会成功，那么，无论多么恶劣的条件都不可能阻挠他。我们每个人心中都有为人处世的标准，我们常常把自己的行为同这个标准进行对照，并据此指导自己的行动。因此，如果想让自己变得更好，就要提高自信力，修正心中的做人标准。如果我们想进行自我改造，就应该首先改变对自己的看法。不然，自我改造的全部努力便会落空。

拥有自信，积极重塑自我，往往能使平凡的人做出惊人的事来。胆怯和意志不坚定的人即便有出众的才干、优秀的天赋、高尚的性格，也终难成就伟大的事业。

你相信自己到什么地步，你的成就就会到达什么样的高度。

如果拿破仑在率领军队越过阿尔卑斯山的时候只是坐着说："这件事太困难了。"无疑，他的军队永远不会越过那座高山。所以，无论做什么事，坚定不移的自信力，都是成功所必需的和最重要的因素。

不论才干大小、天资高低，成功都取决于坚定的自信力。相信能做成的事，一定能够成功。反之，不相信能做成的事，也绝不会成功。

大多数有自卑感的人总是把注意的焦点放在自我身上，也就是将目光放在自己的弱点上。对不重要的事也以自我为中心来考虑，以为每个人都在注意这些事，其实并不是如此。

现实中，人总爱拿别人的长处比对自己的短处，自认为这就是缺点，然后又费尽心机使自己相信"因为这个弱点，所以不能成功"。要解决这个问题，就必须知道我们每个人都能成功、快乐和坚强。所以你必须决定，打算要突出哪一方面。一旦选择突出自己的长处和优点，自卑感便会消失，一种强而有力的自信力便会取代你的缺陷及弱点。

要成为一个优秀的人，正视自己的弱点是必要的。但首先必须清楚什么才是真正的弱点，找对方向才能正确到达目的地。这一方面，本杰明·富兰克林为我们作出了榜样：

富兰克林意识到他总是不断地与人发生争执，不断地失去朋友，总是和人相处不好。在新年前夕，大家都在制订新年计划。富兰克林也坐下来，开出一张清单，清单上有他所有让人讨厌的性格特点。他把它们一一列出来，并对这些特点进行编排，把最有害的放在清单的第一位，然后依次排下来，害处最小的排在最后。他决定要一个一个地改掉这些令人讨厌的毛病。每次他发现自己已经成功地改掉了一个坏毛病的时候，他就把这个毛病从清单上画掉，直到清单上所有的坏毛病都画完为止。正是由于他积极地改变自我，所以他成了全美国人格最为完美的人之一，每个人都尊敬他、崇拜他。今天，几乎在所有关于性格塑造的书中，你都会发现富兰克林的名字，他的重塑自我行动给了人们很多启发。

富兰克林为了改变自我，不断地向自己的缺点挑战，将自己改造成为一个优秀的人。其实只要你有心，有正确的方法、积极的态度和持之以恒的精神，就可以达到富兰克林的高度。

改正缺点，让自己成为一个接近完美的人，这对任何人都非常重要。大声地重复这句话，并把它深深地印在脑海中，这样，你便可以将最弱的地方转为最强。

马特恩设计过一套公式：

（1）孤立弱点，将它研究透彻，然后设计一个计划加以克服。

（2）详细列出你期望达到的目标。

（3）想象一幅将你自己的弱势变成强势的景象。

（4）立即开始成为你所希望的强人。

（5）在你的最弱之处采取最强的步骤。

（6）请求他人的帮助，相信他们会帮助你的。

每个人都有自己的缺点，对你来说，你想克服的是什么？恐惧、愤怒、伤感、失望、沮丧？无论是什么，只要下决心改掉自己的缺点，愿意接受积极思想，你就可以将最弱的地方转为最强，塑造一个全新的自我。

走出消极空虚的心理黑洞

两兄弟相伴去遥远的地方寻找人生的幸福和快乐，一路上风餐露宿，在即将到达目的地的时候，他们遇到了一条风急浪高的大河，河的彼岸就是幸福和快乐的天堂。关于如何渡过这条河，两个人产生了不同的意见，哥哥建议采伐附近的树木造成一条木船渡过河去，弟弟则认为无论用哪种办法都不可能渡过这条河，与其自寻烦恼和死路，不如等这条河流干了，再轻轻松松地走过去。

于是，建议造船的哥哥每天砍伐树木，辛苦却积极地制造船只，并学会了游泳；而弟弟则每天躺下休息睡觉，然后到河边观察河水流干了没有。直到有一天，已经造好船的哥哥准备扬帆的时候，弟弟还在讥笑他的愚蠢。

不过，哥哥并不生气，临走前只对弟弟说了一句话："去做每一件事不一定都成功，但不去做则一定没有机会成功！"

大河终究没有干涸，而造船的哥哥经过一番风浪也最终到达了彼岸。两人后来在河的两岸定居了下来，也都有了自己的子孙后代。河的一边叫幸福和快乐的沃土，生活着一群积极进取的人；河的另一边叫失败和失落的原地，生活着一群消极空虚的人。

由此可见，积极和消极两种截然相反的心态会带给人们多大的反差。

有这样一种说法，人的躯体好比一辆汽车，思想态度便是这辆汽车的驾驶员，如果整天无所事事、空虚无聊、没有理想、没有追求，那么，就根本不知道驾驶的方向，这辆车也就必定会出事故，甚至报废。

很多心理专家都这样告诫人们：精神和内心的空虚对身心健康无益。空虚就像一只无形的手，无情地控制着你，吞噬了你所有欢乐的元素，反刍给你所有的孤独和寂寞。它消磨你的意志，打击你的信心，使你失去尊严，它给了你更多的时间和机会去咀嚼失败的滋味。

当一个人空虚到一定程度时，精神世界就会一片空白，没有信念，没有寄托，百般无聊，严重的如同行尸走肉。

空虚虽然可怕，但它并非不能被打倒。大量事实表明，空虚并不是什么大不了的心理疾病，它只是一种阶段性的心理异常，只要认真调适，便能把这个阶段"填满"。

怎样填满空虚？我们可以参照下面的方法：

1. 树立一个积极向上的目标

空虚的原因不外乎两种：胸无大志和目标不切实际。因此，摆脱空虚必须根据自己的实际情况，树立一个积极向上的目标，从而激发自己的潜力，充实生活内容。

不同的阶段有不同的目标，要排除消极和空虚，最重要的是明确自己的大小目标，然后去一步步地实现，用忙碌与充实来战胜空虚与失落。

要有目标，就应对自己有正确的认知，因为一个适当的目标既具有成功的极大可能性，可以让自己感受到奋斗中的酸甜苦辣，更有目标实现后的欣慰、快乐，亦增加了自信和勇气。反之，目标太低，不仅难以发挥自己的最大才能，亦会因太容易成功而沾沾自喜。

2. 要根据实际调整目标

不是所有的目标都可以一帆风顺地实现，有时我们会遇到很多困难和阻碍，这就需要我们调整目标，甚至转移目标，找到自己新的兴趣点。当一个人有了新的乐趣之后，就会产生新的追求；有了新的追求就会逐渐完成生活内容的调整，并从空虚状态中解脱出来，迎接丰富多彩的新生活。

3. 做个"没事找事"的人

很多人的空虚是太过放松、无所事事所致，这时就需要他们"没事找事"。世间有做不完的事情，没事可做的时候，不妨找点事情做。

很多人在找事情做的时候，总是害怕自己不能做或做不好，其实，这不重要，找到了事情，不妨先做做看，也许会有意想不到的收获。

空虚就像是罩在我们头上的一层乌云，不论形状多么好看或难看，总有一天它会消散。与其盯着消极的方面，不如锻炼自己的身体，舒展自己的身心，积极向上地为理想而追求。乌云终会消散，我们的心灵也会因为积极的努力而慢慢地充实起来。

不要自我设限

科学家曾做过一个有趣的实验：

他们把跳蚤放在桌上，一拍桌子，跳蚤迅即跳起，跳起高度均在其身高的 100 倍以上，堪称世界上跳得最高的动物！然后科学家在跳蚤头上罩一个玻璃罩，再让它跳，这一次跳蚤碰到了玻璃罩。连续多次后，跳蚤改变了起跳高度以适应环境，每次跳跃总保持在罩顶以下高度。科学家逐渐改变玻璃罩的高度，跳蚤都在碰壁后主动改变自己的高度。最后，玻璃罩接近桌面，这时跳蚤已无法再跳了，科学家于是把玻璃罩打开，再拍桌子，跳蚤仍然不会跳，变成"爬蚤"了。

跳蚤变成"爬蚤"，并非是因为它已丧失了跳跃的能力，而是由于一次次受挫"学乖"了，习惯了，麻木了。最可悲之处就在于，当玻璃罩不再存在，它却连"再试一次"的念头都没有了。玻璃罩已经罩在了潜意识上，罩在了心灵上。行动的欲望和潜能被自己扼杀！科学家把这种现象叫作"自我设限"。

现实生活中，很多人的遭遇与此极为相似。有些人在成长的过程中，特别是幼年时代，遭受外界（包括家庭）太多的批评、打击和挫折，于是奋发向上的热情、欲望被"自我设限"的观念改变了。

人生在世，挫折和失败总是在所难免，可是有的人一遇到失败，就会变得心灰意冷，"一朝被蛇咬，十年怕井绳"，这就是"自我设限"的表现。"自我设限"是人生的最大障碍，如果想突破它，就必须不怕碰壁。这就需要我们有积极的进取心。

要拥有积极的进取心，首先要具备自信心。你必须从一定的高度看待自己，否则，永远无法突破你为自己设定的界限。必须幻想自己能跳得更高，能达到更高的目标，以督促自己努力；否则，永远也不能达到目标。如果你的态度是消极而狭隘的，那么，与之对应的就是平庸的人生。不要怀疑自己有实现目标的能力，否则就会削弱自己的决心。只要你在憧憬着未来，就有一种动力驱使你勇往直前。

每个人体内都蕴藏着巨大的生命潜能，所以人人都能做成不朽的事业。在人的身体和心灵里面，有一种永不堕落、永不败坏、永不腐朽的东西，这便是潜伏着的巨大力量，而一切真实、友爱、公道与正义，也都存在于生命潜能中。这种力量一旦被唤醒，即便在最微弱的生命中，也能像酵素一样，对身心起发酵净化作用，增强人的力量。

不要因为生命中遇到一些限制，就认为这些限制会伴随你的一生。社会在改变，生命在改变，思维也应该随之改变。

所以，不要"自我设限"，将自己的潜力深深埋藏在心中，而要努力释放它们。

中篇

好性格

第一章

解开性格密码

性格本身是复杂而多样的，当体现在每一个个体上更是纷繁复杂、变换万千。为什么我们周围的人有的开朗活泼、有的沉稳冷静；有的热情大方、有的冷若冰霜；有的潇洒大方、有的郁郁寡欢；有的细心谨慎、有的粗枝大叶……归根结底都是性格所决定的。尽管性格的差异是普遍存在的，但也不能否认人们的性格也存在着共同性。

性格是人最本质的象征

心理学家认为：性格是一个人典型性的行为方式。也就是说，一个较成熟的人在各种行为中，总贯穿着某一种典型的方式，这是经常的，而不是偶然的。这就是性格。

例如，某个人不论在众人聚会的场合还是在工作中，都是开朗大方、活力四射的。这样，我们说他的性格是活泼的。如果某一日，他有点心事，因而变得沉默寡言，但这只是很偶然的情形，我们不能说他的性格是沉默寡言的。性格是人的心理的个别差异的重要方面，人的个性差异首先表现在性格上。恩格斯说："刻画一个人物不仅应表现他做什么，而且应表现他怎样做。""做什么"，说明一个人追求什么、拒绝什么，反映了一个人的活动动机或对现实的态度；"怎样做"，说明一个人如何去追求要得到的东西，如何去拒绝要避免的东西，反映了其活动方式。

如果一个人对现实的一种态度在类似的情境下不断地出现，

逐渐地得到巩固，并且使相应的行为方式习惯化，那么这种较稳固的对现实的态度和习惯化了的行为方式所表现出的心理特征就是性格。例如，一个人在为人处世中总是表现出高度的原则性、热情奔放、豪爽无拘、坚毅果断、深谋远虑、见义勇为，那么我们说这些特征就组成了这个人的性格。构成一个人性格的态度和行为方式总是比较稳固的，在类似的甚至不同的情境中都会表现出来。当我们对一个人的性格有了比较深切的了解之后，我们就可以预测到这个人在一定的情境中将会做什么和怎样做。

而性格差异是普遍存在的，这就使得每个个体都拥有自己独特的个性。事实上我们生来就具有自己的优点和缺点，只有意识到自己的独一无二，才能理解为什么大家在学同一课程，在同样的时间里由同一位老师讲课，却往往会获得不同的成绩。尽管性格的差异是普遍存在的，但是不能否认人的性格也存在着共同性，性格是在人的社会化过程中形成的，因此，作为个体总要受到一定社会环境的影响。人是生活在群体之中的，相同的环境条件与实践活动会使人们的性格带有群体的共性特点，像直爽、热情、好客就是东北人的共性。可以说共性是相对存在的，而性格的差异是绝对存在的。具体地说，性格的特征大致包含了整体性、稳定性、独特性和社会性，以及可变性、复杂性。

1. 整体性

性格是一个统一的整体结构，是人的整个心理面貌。每个人的性格倾向性和性格心理特征并不是各自孤立的，它们相互联系、相互制约，构成一个统一的整体。一个固执的人同时也可能是坚强果断的，而一个温柔的人也可能同时是宽容的。因此，分析自己的性格，应当从自身全面地去看，既要看到自己性格的优势，也要看到劣势，只有这样，才能真正认识自己的性格。

2. 稳定性

性格是指一个人比较稳定的心理倾向和心理特征的总和，它表现为对人对事所采取的一定的态度和行为方式。一种性格特征一旦形成就比较稳固，不论在何时、何地，于何种情境下，人总是以其惯用的态度和行为方式行事。"江山易改，本性难移"形象地说明了性格的稳定性。

3. 独特性

每个人的性格都是由独特的性格倾向性和性格心理特征组成的，即使是双胞胎，他们在遗传方面可能是完全相同的，但性格品质也会有所差异。因为每个人在后天的实践环境中，条件不可能绝对相同；而且即使是生活在同一家庭中的兄弟姐妹，宏观环境相同，个人的微观环境也是有差异的。因此，每个人的性格都反映了自身独特的、与他人有所区别的心理状态。如《水浒》中的 108 条好汉，便是个个性格迥异。

4. 社会性

人不仅具有自然属性，同时也具有社会属性。一个人如果离开了人群，离开了社会，正常的心理发育将无法完成，更谈不上性格的发展。生物因素只给人的性格发展提供了可能性，而社会因素则使这种可能性转化为现实。性格作为一个整体，是由社会生活条件所决定的。中国古代"孟母三迁"的故事就充分地反映了人的性格的社会性。

5. 可变性

整个人类的心理素质都处在不断进化的过程之中，作为人的心理素质之一的性格当然也在不断进化。性格也会因为年龄的增长、环境的变化而发生改变，总体来说是趋向成熟的。一个人，当发现自己的性格特征是好的，对他自身的发展有利时，他便会通过自我意识来巩固、加强和完善这一性格特点；而当他发现自己的性格特点是不好的、有缺陷的，严重地阻碍了他的发展时，他便通过自我意识有目的地节制和消除。人便是通过这个方式改变不好的性格和培养好的性格，不断完善自己，塑造优良而完美的性格。

6. 复杂性

人的性格的复杂性，来源于现实社会生活中人的复杂性和矛盾性。人是社会属性和自然属性的统一体，从社会属性来说，人是各种社会关系的总和。由于社会生活的复杂，人的思想、行为不可避免地要受到各方面的影响。因此，人的行为的动机、欲望、需求是相当复杂的，甚至是互相矛盾的。人的性格也往往表现出这种矛盾性。有的人平时温文尔雅、态度谦和，但在面对恶势力时也能嫉恶如仇、敢爱敢恨。所以，一个人的性格实际上充满了矛盾性和复杂性，很难用一个简单的词来描绘一个人的性格。因此只有深刻地剖析自己的内心世界，剖析自己的各种欲念和思想动机，并且把这些和自己性格方面的各种表现联系起来加以考察，才能从本质上把握住自己的性格。性格的概念是如此的广泛，因此，我们只有准确地了解和把握性格决定行为的规律，不断地认识和了解自己和他人的性格，同时进一步改造和完善自己的性格，才能在真正意义上把握和掌握好自己的命运，成就美好的人生。

性格的源起及发展

英文性格"Personality"一词的语源一般都认为它来自希腊文"Persona"。这个词的意思是指希腊人在演戏时戴上的面具，后指演员在戏中扮演的角色，并指扮演该角色的人，有时也指具有某种特征的人。这也就是说，"性格"是人类行为的特征，是经常性的行为表现，而不是那些仅偶尔发生的行为。因此，性格一词最初出现时，有4种不同的意义：

（1）一个人在生活舞台上呈献给其他人的公开形象。

（2）别人由此知道这个人在社会生活中所扮演的角色。

（3）适合于这个生活角色的各种个人品质的总和。

（4）角色身份的特定性和异他性。

可见，人的性格既包括呈现在他人面前的外部的自我，也包括由于种种原因不能显示出来的内部的自我。

　　人类在古希腊时期就开始了对性格的关注和研究，亚里士多德的大弟子德奥佛斯特就在他的《人的种种》一书中对愚钝、小气、胆小、叛逆等常见的性格及典型行为作了深刻而幽默的描述：

　　愚钝的人就是——

　　"去找已经忙得焦头烂额的人，要求和他谈谈心。"

　　"女朋友正生病发高烧，却在她面前大唱情歌。"

　　"去喝喜酒，却在宴会上大肆批评新娘的不是。"

　　"看到长途旅行回来、累得全身无力的朋友，却邀他去运动。"

　　"对手手上有一件事情正做也不是、不做也不是，犹豫不决的时候，自己却自告奋勇地表示想接手此工作。"

　　而他对"小气"的人的刻画更是到位：

　　"请人喝酒，却一直数对方喝了几杯。"

　　"请别人帮忙买东西，即使花费很低，但一看到账单仍大皱眉头。"

　　"天天跑去看自己和邻居的土地界址是否被移动了。"

　　"请人吃烤肉，却切成小小的块，每次只端出一点点。"

　　"说要出去买食物，逛了半天却什么都没买回来。"

　　这可以说是目前世界上能找到的最古老的"性格论"著作了。他有关性格的各种描述在诙谐幽默中给人一种贴切、点到死穴的感觉。也正因为如此，此书也成为当代有关心理学研究的基础。

　　随后卡雷努思根据希波克拉底的"液体病理学"提出所谓的"气质说"。活泼而有阳刚之气的人血液较多，也就是"多血质"；而性情稳重、沉着缓慢者则是由于黑胆汁过多，属于"黑胆质"；至于急躁没耐性的人则是由于黄胆汁过多，属于"黄胆质"。这种所谓"气血质"的学说可说是卡雷努思将自希波克拉底以来古希腊医学综合整理、体系化的结果。

　　19世纪后半叶到20世纪初，德国医学和心理学家恩特将人的情绪反应以"强与弱""快与慢"等二元对应的方式，配合气质说，在前人的基础上将人的性格归于以下 4 类：1. 多血质 2. 黏液质 3. 黑胆质（抑郁质）4. 黄胆质（胆汁质）

到了 20 世纪，"四气质说"又被德国学者克雷兹曼及美国学者提出的各种理论代替，而这一期间的"性格"学说也得到了空前的发展，其中根据四型判断性格的的方法被普遍应用。

性格的成熟

荣格认为，性格的发展、形成及变化，一直到成熟，都和人的遗传、环境等因素有着密切的关系。

一般理论都倾向于认为，遗传因素通过气质和智力影响人的性格。在遗传因素的作用下形成的气质，按照自己的活动方式，使性格具有独特的色彩。例如，同样是助人为乐的性格特征，多血质的人在帮助人时动作敏捷、热情溢于言表，而黏液质的人则沉着冷静、情感蕴含在心。气质为人的高级神经活动类型所决定，所以，一开始气质就影响性格的形成和发展速度。

不论儿童是由生身父母还是由收养或寄养家庭抚养，他们和生身父母之间在智商上总是有显著的相关。荣格把此归因于遗传对智力的影响。进而言之，智力和性格都受高级神经活动的特性和类型的影响，而智力对人的性格形成是有作用的，这作用在人的发展过程中显示出来。人们运用自己的聪明才智，掌握相应的知识和技能，冷静地审时度势，使自己的行为符合客观规律，这样就会促使自己勇于克服困难，在艰难险阻中表现出自觉、大胆、果断和坚毅等良好的性格特征。因此，大凡政治家、发明家、作家、艺术家，虽然从事不同的职业，但他们都兼有高度发达的智力、创造力和优良的性格特征。

性格不但受遗传因素的影响，更为重要的是，环境是性格发展形成的一个决定性因素。环境的作用主要是通过家庭教育、学校生活、社会活动以及工作实践来发生效应的。

性格的成熟是相对的，绝对的成熟是不存在的。从人所处环境的变化来讲，性格也有一定变化，但是，除非较大刺激（比如失恋、对自己重要的人发生意外、重大失败或挫折等），一个人的性格一旦形成，就基本稳定了。

性格的表现形式

1.活动凸显出性格

人的心理和活动是密切联系的。性格在活动中形成，也在活动中表现。因此，应在游戏、学习、劳动和交往等各种具体活动中研究人的性格。

儿童的性格在游戏中会表现出来。例如，让儿童在各种各样的游戏之间选择一个他最喜欢的游戏，从而由这个游戏的类型来判定儿童的性格，例如，有的游戏是需要团队协作的，有的是由个人独立进行的；有的游戏是运动型的，有的则是安静型的。一般来说，愿做运动型游戏的儿童的性格是比较活泼好动的；愿做安静型游戏的儿童的性格是内向的；而愿做个人游戏的儿童表现出其性格孤僻的一面的同时，也表现出其特立独行的一面；喜欢参加团队协作的儿童的性格，既有善于交往的一面，也有依赖他人的一面。

学生的性格则会在学习活动中表现出来，如学习的责任心和坚持性。作业是否认真、细致，上课时的精神状态和表现，也能反映其性格上的特点。

人的性格还会在工作中表现出来，例如，可以从一个人对工作的态度，如何处理工作中的人际关系及如何完成任务等方面观察到他的性格特征。

2.语言体现出性格

俗话说："言为心声。"我们观察一个人怎样说话，对认识其性格具有重要的意义。如说话的内容、说话真诚与否、言语风格如何等，都可以表现出一个人的性格特点。

一个人表里不一，也可以从其言语中表现出来，如阳奉阴违、说一套做一套，这充分表现出其虚伪的性格特征。一个正直的人在说话时不仅语气坚定，而且用语也非常讲究礼貌、准确，其内容更是由字里行间透出一股正气。而一个狡诈的人在编造谎言时语气往往是飘浮不定的，而且用语也给人一种不确定、不可靠的感觉，其内容更是漏洞百出。

当然，语言只是我们判断一个人性格的一方面，因此，为了更好、也更准确地判断一个人，我们必须把言语的不同方面与性格的其他表现联系起来。

3. 外貌表情反映出性格

其实一个人的面部表情、姿势、打扮、衣着等也在某种程度上反映出一个人的性格特点。一个热情开朗的人总是将他的开朗的性格写在笑脸上，而一个阴郁的人则总是一脸的惆怅表情。微笑本身也可以表现出不同的性格特征。托尔斯泰写道："有些人一双眼睛在笑，这是奸诈的人和利己主义者。有些人不用眼睛而是口中发笑，这是软弱、优柔寡断的人，而这两种笑都是不愉快的。"面部表情是多种多样的，会表现出不同的性格特性。

眼睛是心灵的窗口，人的眼睛在面貌的表现上起着重要的作用，它显示了人的性格和气质的某些特征。托尔斯泰就曾把人的眼神分为：狡猾的目光、炯炯有神的目光、明朗的目光、忧郁的目光、冷淡的目光、无情的目光等。

典型的姿势，如一个人是放开大步走还是迈着碎步走，是笔直地站着还是斜歪着，双手放在什么地方等，往往也反映出一个人的性格特征。

一个人的服饰也可表现出人的性格。比如，活泼型的姑娘一般喜爱色泽鲜艳、图案活泼多变的服装；温柔文静的姑娘则爱穿素净淡雅、饰物线条简单的服装。

性格的两种基本分类：内向型和外向型

同时，这两种相反的倾向常常同时存在于一个人的性格中。哪一种是优势，则外在表现为哪一种。例如：有的人一向开朗活泼、社交广泛、善于言谈，总是人群中的核心人物，但偶尔在几个人的时候，他会很沉默。我们并不能因为他偶尔的沉默而否定他开朗的性格。

尽管在不同环境里可以表现出性格的不同侧面，但它仍然不会背离一个人的主导性格。

性格是一个人内在特质和外在行动的综合表现，也是一个人区别于其他人的本质特征之所在。

一般来说，性格内向的人能够独立自主，对工作认真负责，能按照自己的想法去做事，不轻易以偏概全，不冲动行事；在与外界交往的过程中，注重事物的内在变化。但也有不足之处，他们对外在环境了解不多，常常掩饰自己，易被他人误会，不喜欢工作被打断。这类人适合做钢琴师、诗人、心理学家。性格外向的人善于利用外在环境资源，乐于与他人交往，个性较开放，属于行动派，易被他人所了解。其不足之处是，不够独立，喜欢变化，比较浮躁。这类人适合做导游、公关。

其实不管是外向型还是内向型，都可以成为一个优秀的人。下面进行一项测试，看你是属于哪一类型的人。

以下是测试你是属于内向型性格还是外向型性格的试题，请根据自己的实际情况作出回答，符合的则在该问题后面的括号内画"√"，难以回答的则画"△"，不符合的则画"×"。

1. 你与观点不同的人也能友好往来。（　　）

2. 你读书较慢，力求完全看懂。（　　）

3. 你做事较快，但较粗糙。（　　）

4. 你不敢在众人面前发表演说。（　　）

5. 你能够做好领导团体的工作。（　　）

6. 你常会猜疑别人。（　　）

7. 受到表扬后你会工作得更努力。（　　）

8. 你希望过平静、轻松的生活。（　　）

9. 你经常分析自己、研究自己。（　　）

10. 生气时，你总是不加抑制地把怒气发泄出来。（　　）

11. 在人多的时候和其他场合你总力求不引人注意。（　　）

12. 你不喜欢记日记。（　　）

13. 你待人总是很小心。（　　）

14. 你是个不拘小节的人。（　　）

15. 你从不考虑自己几年后的事情。（　　）

16. 你常会一个人想入非非。（　　）

17. 你喜欢经常变换工作。（　　）

18. 你常回忆自己过去的生活。（　　）

19. 你喜欢参加集体娱乐活动。（　　）

20. 你总是三思而后行。（　　）

21. 你肚里有话憋不住，总想对人说出来。（　　）

22. 你常有自卑感。（　　）

23. 你不大注意自己的服装是否整洁。（　　）

24. 你很关心别人对你有什么看法。（　　）

25. 和别人在一起时，你的话比别人多。（　　）

26. 你喜欢独自一个人在房内休息。（　　）

27. 你的情绪很容易波动。（　　）

28. 你用金钱时从不精打细算。（　　）

29. 对陌生人你从不轻易相信。（　　）

30. 你几乎从不主动制订学习或工作计划。（　　）

31. 你不善于结交朋友。（　　）

32. 你的意见和观点常会发生变化。（　　）

33. 你很注意交通安全。（　　）

34. 看到房间里杂乱无章，你就静不下心来。（　　）

35. 旁边有说话声或广播声，你就无法静下心来学习。（　）

36. 你讨厌工作时有人在旁边观看。（　）

37. 你始终以乐观的态度对待人生。（　）

38. 你总是独立思考问题。（　）

39. 你不怕应付麻烦的事情。（　）

40. 你的口头表达能力还不错。（　）

41. 你是个沉默寡言的人。（　）

42. 在一个新的环境里你很快就能熟悉了。（　）

43. 要你同陌生人打交道，你常感到为难。（　）

44. 你常会过高地估计自己的能力。（　）

45. 遭到失败后你总是忘不了。（　）

46. 你很注意同伴们的工作或学习成绩。（　）

47. 比起读小说和看电影来，你更喜欢郊游与跳舞。（　）

48. 买东西时，你常常犹豫不决。（　）

49. 你喜欢和小动物在一起胜过与人在一起。（　）

50. 你很容易去原谅别人。（　）

记分与评分：

题号为奇数的题目（如1，3，5，7……），答案为"√"各计2分，答案为"△"各计1分，答案为"×"各计0分；题号为偶数的题目（如2，4，6，8……），答案为"√"各计0分，答案为"△"各计1分，答案为"×"各计2分。最后把各题分数相加，再查评分表，你就可以了解你的性格属于哪种类型了。

评分：

（1）0～19分，性格内向型。

（2）20～39分，性格偏内向型。

（3）40～59分，性格中间型。

（4）60～79分，性格偏外向型。

（5）80～100分，性格外向型。

一般而言，内向型的人通常比较自恋、感情丰富、第六感发达，为人处世多半会先想到自己，用自己的想法解释外界事物。有时因不善与人沟通协调，不愿意对别人让步，其结果会使得他们与众人形成对立。只有少数几个知心的人能够理解他们。

当然，这种类型的人在适应现实社会上会有许多困难，他们多半不喜欢社交，朋友很少，甚至有逃避社会的倾向，对他们而言，外在的人群、社会总是使他们无法接受或感到不安。这种类型的人只在自己熟悉的环境下才能过得舒服愉快。因此，他们交往的范围非常狭窄，只局限于少数亲近的人。

总体而言，内向型的性格一般都具有一些共同的特征，例如，重视主体性与自我；在乎自己的习惯与想法；不喜欢追随别人的想法；喜欢自我反省；欠缺果断；经常犹豫不决；需要较多的时间才能适应新环境；经常钻牛角尖地思考；放不开；不习惯与陌生人接触；对周围环境的变化观察敏锐；与人交往时倾向于采取被动的姿态；不容易结交新朋友；交友范围狭窄；亲密的朋友则深交；不希望参加社交活动；只有在很亲近的朋友面前才能放得开。

而所谓"外向"，是指思考总是开放式的，喜欢与人交往。因此，外向型的人多半会关心周围的人和事物，并尝试着去掌握环境与事物的变化，是属于掌握外在且比较有行动力的类型。

对于这种类型的人而言，最重视的无非是别人怎么看待自己，以及自己如何表现才符合别人的愿望与期待。

但由于他们全身心只放在别人与外界上，自己内心的想法与需求便被有意无意地忽略或压抑下来，久而久之，这种类型的人甚至不了解自己有什么欲望或心理需求。这让他们往往没有主见，容易随波逐流。这类型的人比较易受外界条件的制约。

外向型的人由于总是把眼睛放在别人身上，因此能迅速注意并了解外界变化，采取相应措施，因此，人与人之间大多能协调，很少发生冲突。不仅如此，他们能关心别人，积极地参与团队与组织活动，而且很容易被别人接受并享受群体生活的成就感。

能够适应别人、参与团队是这类人的特长。但有时太重视与别人的协调，也会有迷失自己的危险。这也正是性格外向型的人需要引起注意的地方。

外向型性格的人特征如下：能随不同场合调整自己的态度与行动方式；能经常保持对周围事物变化的注意；遇到谈得来的人就开诚布公地交往；容易接纳别人；自己一个人独处容易不安；行动快速但思考不深；很容易仓促地做决定；能迅速适应新环境；常未经评估就采取行动；喜欢积极地表达对别人的关怀；与人交往没有棱角；容易接受；社交范围广；朋友众多但容易流于酒肉之交；在众人之中不会感到不安或陌生；喜欢参加社交活动。

人的性格没有好坏、优劣之分，正如外向型性格和内向型性格都各有各的优势和劣势。如外向型的人不断以各种方式充实自己；内向型的人则习惯于保持自己的能量，有抵御外界要求的倾向。

但总体来说，外向型的人比内向型具有较强的优越感；内向型的人比外向型的人自卑，内心有种被压抑的感觉。但性格有发生改变的可能性，因此，不管我们是内向型性格还是外向型性格，只要我们发挥自身的性格优势，改正和弥补性格劣势，就一定能打造出完善的性格，从而使我们的人生更加顺利。

4 种典型性格分类

19 世纪后半叶到 20 世纪初期，开始出现了以气质为标准来对性格进行分类的学说。被认为是"近代心理学之父"的恩特将人的情绪反应以"强与弱""快与慢"等二元对立的方式，配合 4 种气质说，道出如下的模式：情绪反应弱而快是"阳刚的多血质"；情绪反应弱而慢的是"平淡的黏液质"；情绪反应强而慢的是"忧郁的黑胆质"；情绪反应强而快的是"急躁的黄胆质"。这 4 种气质的特征如下：

1. 多血质

轻率、活泼、好事、喜欢与人交往、面对困难不会退缩，以及不会记恨。很容易答应别人的请求，也很容易忘了约定。有面对困难的勇气，但看事情不妙也会开溜。能够调整自己的喜怒哀乐，随时保持心理平衡与往前冲刺的状态。一旦成功或受别人赞赏，就乐不可支……

多血质人大多是活跃的积极分子，在人际交往中，他们气质上率直坦诚的特征总是直接地表现，这可能会伤害一些人，但更能赢得许多朋友。而且他们在竞争激烈的社会中，在瞬息万变的情况下，能够施展出自己的才干。他们是充满自信的人，他们有活动能力，而且会越来越强。所以从一定意义上说，多血质人对所有的职业都具有适应性。重大局、不贪小利、不感情用事等，这都是多血质人在气质方面的长处，他们具有较突出的外向性格，适应社交性强的工作，如政治家、外交家、商人、律师等。

2. 黏液质

安静、漫不经心、散漫、邋遢、好饮食等。相对于黄胆质的人一受刺激就哇哇大叫而言，黏液质的人则反应迟钝或冷淡。不过，虽然反应及行动缓慢，但这类人通常诚实且值得信任。由于个性平淡、工作缓慢，所以他们不太容易紧张。

黏液质的人是具有一定领袖气质的人。他们的直觉敏锐，善于处理错综复杂的人际关系，是一个不容忽视、深孚众望、具有强烈个人魅力的人。他们大多数都能很好地利用协调性、积极性、社会性及感情稳定性表现自己的才能，发挥出卓越的能力，而且不论地位高低，都能在各自的行业中占有重要位置。因此，在实际工作岗位上，黏液质的人多数表现为精明强干。如出色的公务员、有才气的作家、头脑明晰的银行家等。但是，黏液质的人的职业选择范围不广，可以说很窄。尽管如此，他们却活跃在广泛的领域里。与多血质一样，他们对工作岗位的适应性也很强，最适合于他们的工作岗位是策划及一般事务一类。

3. 黑胆质

这类型的人比较趋向于稳重、沉郁，经常只看到人生的黑暗面。

他们多半避免迎来送往的交际活动，也不喜欢和外向活泼的多血质人在一起。甚至看到别人欢天喜地乐不可支时，反而会不高兴。这类人一遇到困难常常心理失去平衡，一旦心情不高兴，便久久无法恢复正常。

黑胆质的人不擅长与人交际。但是面对熟悉的、亲密的人，面对知己，他们会出人意料地展现他们内心真实的一面。而另一方面，黑胆质的人积极认真、努力向上、毫不懈怠，懂得埋头苦干，无论对什么职业都能一丝不苟。

因此，黑胆质的人在学者、教育家、研究人员、技术人员、医师等比较内向的职业领域里有较强的适应性。

4. 黄胆质（胆汁质）

该类人对于情绪的刺激非常敏感，意志力衰弱，易动摇，没有耐心，情绪忽冷忽热。他们做什么事都是3分钟热度，这类型的人不喜欢被压抑，喜怒哀乐表现得非常明显。不过，他们不论悲伤或愤怒都来得快、去得也快。一般而言，这类型既热心也有爱心，做事情很有爆发力。

黄胆质的人开朗、热情，他们一般都是自来熟，但他们一般不愿在陌生人面前出现，他们只愿和相互了解的人往来，并保持真诚相待。

他们最大的气质特征是外向性、行动性和直觉性。因此，在政治家、外交家、企业家、记者、设计师、实业家、护士等比较外向的职业领域里，胆汁质的人有适应性。另外，在体育界，胆汁质的人也比较活跃。

MSCP 性格分类

1. 活泼型性格（S）——外向、多言、乐观

活泼型性格的优点很多，具备这种性格的人通常待人热情、性情奔放、豪迈、幽默、真诚而能言善辩。同时，他们富于浪漫情怀，

天生喜欢乐趣，喜欢和人在一起。他们天生具有表演的天才，能把所有人的目光像吸铁石一样吸引过来，不管什么场合，他们永远都是人们瞩目的焦点。他们也很情绪化，感情外露；对任何东西都有着强烈的好奇心，这样就使得他们经常略显孩子气，即使年龄偏大也依然童心未泯，但这并不表示他们对工作没有热情。

活泼型性格的人在工作上也有很高的热情，工作态度很主动，好奇的性格特征使得他们在工作上富有创造性，充满干劲，同时他们热情的性格又会使他们在工作中与同事和谐相处。他们永远精力充沛、活力四射，总是自告奋勇地去做每一件事情，他们从不吝啬赞扬别人，永远学不会记恨；与人发生不愉快时，他们很快就会主动向别人示好，所以他们容易交上很多朋友。活泼型性格的父母在与孩子相处中更是如鱼得水，他们把自己的孩子看做是自己的朋友，这也让孩子们感到轻松，从而愿意与父母一起分享他们的小秘密。

活泼型性格的人总会用他们的热情和幽默带给我们欢乐；当我们心力交瘁时，他们会带给我们轻松。活泼型性格的人永远是最受欢迎的人。

但是，活泼型性格的人也有其本身所固有的缺点，他们虽然健谈，但通常也会总是唧唧喳喳地说个不停。而且，他们在描述一件事情的时候，总是喜欢添油加醋，似乎不说得夸张点就表达不出事情的真相。虽然他们喜欢表现自我、展示自我，但也容易以自我为中心，往往把自我放在第一位，对自己的故事津津乐道的同时常常忽视别人的感受。而且这种活泼型性格的人因其活泼好动、没有耐性的本性而养成了记忆力不好的坏毛病。他们对数字毫无概念，所以他们通常都记不住别人的电话号码甚至名字。

活泼型的人由于性格开朗，喜欢结交朋友，因而他们的朋友是很多的。但也正因为如此，活泼型的人交朋友大多随兴而至，朋友虽多，但真正称得上知心的朋友却很少。

而且，活泼型的人做事情总是很有激情地开始，但往往以没有结果而告终，这是活泼型性格的人成功的最大障碍。

2. 完美型性格（M）——内向、思考、悲观

完美型性格的人与活泼型性格的人可以说是两个不同的极端。完美型性格的人在情感方面很冷静，他们不会像活泼型的人一样情感外露，相反，他们深思熟虑、善于分析。但这并不是说他们不喜欢与人相处，只是他们对任何事情都有自己的一套标准，而且对任何事都严肃认真；他们要求事情做得有条不紊，喜欢清单、表格、数据，追求准确，有很强的责任心。

完美型性格的人在工作上喜欢预先作详细的计划，一旦开始工作就完全投入，有条理、有目标地完成，善始善终，永远不会中途放弃。而且他们很懂得利用资源、勤俭节约、讲求经济效益，用最合理的方法解决问题。他们对自己和别人都要求很高，他们注重生活细节，对生活环境很讲究，十分爱干净，将事情安排得井井有条。

在交友上，完美型性格的人和活泼型性格的人可以说是截然相反。完美型性格的人选择朋友很谨慎，他们的朋友不会很多，但只要是他们的朋友，一般都是十分知心的，能够真诚相对、相互关心。而且他们善于聆听抱怨，积极帮助朋友解决问题。在选择配偶的问题上，他们也追求完美，有着近乎苛刻的标准。完美型性格的父母对孩子有着很高的要求，他们不会像活泼型性格的父母那样把孩子看作自己的朋友，他们希望自己的孩子很出色，因此，他们一般对待孩子都较严厉。

由于完美型性格的人善于分析、勤于思考，并且习惯制订相关的计划，目标明确，善始善终，始终高标准、严要求，因此，从某种角度来说，完美型性格的人是离成功最近的人。这也正如亚里士多德所说："所有天才都有完美型的特点。"

当然，任何性格都不是完美的，完美型的性格也存在自身的不足，由于他们不想让自己太激动，很难让人看出是喜是悲。

他们总是显得很阴沉，没有活力，使身边的人也觉得很沉闷。由于他们过分地注重细节，并且非常敏感，在现实生活中，他们极易受到伤害。与此同时他们又具有悲观主义的人生观，对自己和他人及一切事物的要求非常之高，这往往带给他们身边的人巨大的压力，从而使他们对自己也过分苛刻。正因为他们的完美主义倾向，他们总是得不到满足，内心十分痛苦，并且缺乏安全感。

3. 力量型性格（C）——外向、行动、乐观

具有力量型性格的人天生就具有领导者的气质，在工作上他们总是显得精力充沛，充满自信；他们意志坚决、果断，一旦认准目标就绝不放弃；他们不易气馁，总是信心百倍地将事情继续下去，并且不允许有任何的差错；他们是天生的工作狂，有很强的行动力，设定目标后，就迅速地将全部身心投入到工作中。同时，力量型性格的人善于管理，能综观全局，知人善任，合理地委派工作，寻求最实际、最合适的解决问题的方法。

在交友方面，由于这种性格的人总是自信满满，而且特立独行，再加上他们天生的领导才能，所以他们往往不大需要朋友；另外，由于他们自信的本性，他们往往有点自以为是，听不进别人的意见，所以不大容易交上朋友，因为没人能容忍他们自大的秉性。力量型性格的父母在家庭里可以说是个独裁者，他们说一不二，设定目标，督促全家人行动，像一个领导者一样有条不紊地管理着整个家庭的日常事务。

力量型性格的人永远充满动力，他们会充满理想，勇于攀登高不可攀的顶峰。这些性格特质往往使他们在自己所选择的职业中达到顶峰。

力量型性格的人正因为力量太强，所以总想控制别人，这会造成许多人的反感。而且，他们永远高高在上，俯视别人的生活，爱指使别人，认为不用他们的方法看待事物的人都是错误的，别人若是犯一点点的错误，他们便不能接受。所以他们

希望身边的每个人都听他们的指示，受他们的支配。最让人忍受不了的是：他们从来都不主动道歉，即使他们错了，他们也由于过分自信而拒不道歉，在他们眼中，错误是不可能发生在自己身上的。

4. 和平型性格（P）——内向、旁观、悲观

和平型性格的人在情感方面显得很低调，总是一副很平和、镇静、坦然自若的样子，对任何事情都很有耐心，对任何情况都能适应。他们性情善良，善于隐藏自己内心的情绪，总能平静地接受命运的安排；他们很细心，做任何事情都很周到，绝对不会让别人受到冷落；他们有着一成不变的生活模式，在工作上也喜欢从事自己很熟悉或者很熟练的工作，不会轻易变换工作；他们具有很强的亲和力，因此，与他们相处没有任何压力；他们善于调节问题，有一定的行政能力，虽不是雷厉风行的领导者，但绝对是平和、给人亲切感觉的、可信任的上司。

在交友方面，由于他们是很好的倾听者，对朋友有爱心，所以他们有很多的朋友。但与活泼型性格的人不同的是，和平型性格的人永远是付出较多的一方，他们喜欢静静地站在一旁给处于劣境中的朋友中肯的建议；这让其他性格的人都愿意找和平型性格的人做朋友。和平型性格的父母可以说是好父母，他们对待孩子不急不躁，很有耐心，他们不容易生气，对于孩子的错误他们也很宽容。

但是，和平型性格的人最大的缺点是没有主见。他们往往因为害怕对事情负责而拒绝做决定，而且他们对任何事情总是显得没有魄力和热情，他们因为害怕变化的结果可能会更糟而宁愿保持现状。也正是因为他们一成不变，因此，他们往往缺乏创新，对自己承诺的事也不会特意花时间去做。

由于他们的性格让他们不愿去伤害别人，因此，他们总是会去做他们并不喜欢的事情，在别人眼里是一个"老好人"。但事实上，他们有时也违背自己的意愿。

可以说，活泼型、完美型、力量型和和平型这4种性格无好坏优劣之分，各有各的优点和缺点。而且，这4种性格之间相互补充，都能积极发挥各自性格的长处，用别的性格的长处来弥补自身性格的短处则会产生意想不到的良好效果。相信大家都很熟悉我国四大名著之一的《西游记》吧！其中的4个主角——猪八戒、唐僧、孙悟空、沙僧的不同性格演绎出来的不同形象一定给你留下了深刻的印象吧！唐僧师徒4人之所以能历尽千辛万苦取回真经，在很大程度上源于这支取经队伍成员性格的黄金组合，即猪八戒的活泼型＋唐僧的完美型＋孙悟空的力量型＋沙僧的和平型。在这样的组合之中，这4个人物各自发挥自身性格的优势，同时相互之间互补性格的劣势，这便使得整个队伍中的性格劣势在互补的作用下降到最低，而性格优势则在不断的联合下大大加强。这样几乎接近完美的性格组合的团队不取得胜利才怪呢！

红、蓝、黄、绿4色性格分类

随着性格研究的不断深入，在美国著名性格分析专家弗洛伦斯·妮蒂雅进行MSCP4种性格分类后，又出现了与此相关的用色彩来对性格进行分类的方式，但这并不是近代人的发明创造，而是根据卡尔·荣格的研究进行升华的结果。做以下30道测试题，你将知道你是哪种色彩的性格。请在符合你的选项上打"√"，均为单选，每题计1分。

1. 你如何看待你的人生：

A. 希望能够有尽量多的人生体验，所以会有多元化的想法。

B. 在小心合理的基础上谨慎确定目标，一旦确定就会坚定不移地去做。

C. 取得一切有可能的成就。

D. 宁愿剔除风险而享受平静或现状。

2. 你会如何选择下山路线：

A. 好玩有趣的新路线。

B. 安全第一，原路返回。

C. 有挑战性的新路线。

D. 怕麻烦，原路返回。

3. 通常在表达一件事情上，你更看重：

A. 说话给对方留下的强烈印象。

B. 说话表述的准确程度。

C. 说话所能达到的最终目标。

D. 说话后周围的人是否觉得舒服。

4. 你的内心更倾向于：

A. 刺激。

B. 安全。

C. 挑战。

D. 稳定。

5. 你觉得你的情感更倾向于：

A. 情绪多变，经常波动。

B. 表面上自我控制能力强，但内心感情起伏极大，一旦挫伤便难以平复。

C. 感情不拖泥带水，较为直接，只是一旦不稳定，容易激动和发怒。

D. 很难有情绪的波动。

6. 你认为你的控制欲：

A. 没有控制欲，只有感染带动他人的欲望，且自控力不强。

B. 用规则来保持你对自己的控制和对他人的要求。

C. 内心有较强控制欲和希望别人服从你的欲望。

D. 不会有任何兴趣去影响别人，也不愿意别人来管控你。

7. 你在与恋人交往时更注重：

A. 兴趣上的相容，一起做喜欢的事情。

B.思想上的相容，体贴入微，对他的需求很敏感。

C.智慧上的相容，沟通重要的想法，客观地讨论、辩论事情。

D.和谐上的相容，包容理解另一半的不同观点。

8. 在人际交往时，你：

A.可以快速建立起友谊和人际关系。

B.非常审慎缓慢地进入，一旦认为是朋友，便长久地维持。

C.希望在人际关系中占据主导地位。

D.顺其自然，相对被动。

9. 你觉得你是一个怎样的人：

A.感情丰富的人。

B.思路清晰的人。

C.办事麻利的人。

D.心态平静的人。

10. 通常你完成任务的方式是：

A.赶在最后期限前突击完成。

B.自己认真地做，不主动寻求别人的帮助。

C.很早就快速完成。

D.使用传统的方法，需要时从他人处得到帮忙。

11. 当别人惹恼你时：

A.虽然受伤，但最终很多时候还是会原谅对方。

B.感到愤怒，不会轻易忘记，同时以后完全避开那个家伙。

C.会火冒三丈，并且内心期望有机会狠狠地报复。

D.表面上似乎什么也没有发生，内心将他踢出朋友的名单。

12. 你最在意下列哪项：

A.得到他人的赞美和欢迎。

B.得到他人的理解和欣赏。

C.得到他人的感激和尊敬。

D.得到他人的尊重和接纳。

13. 你在工作中会是个怎样的人：

A. 充满热忱，有很多的想法和创意。

B. 心思细腻，完美精确，认真可靠。

C. 坚强而直截了当。

D. 有耐心，适应性强而且善于协调。

14. 你过往的老师最有可能对你的评价是：

A. 情绪起伏大，善于表达和抒发情感。

B. 特立独行，有时会显得孤独或是不合群。

C. 动作敏捷又独立，喜欢独立做事情。

D. 看起来安稳轻松，性情随和。

15. 朋友对你的评价最有可能的是：

A. 喜欢对朋友述说事情，有较强的说服力。

B. 总是提出很多问题，而且需要许多有说服力的解释。

C. 直言表达想法，有时会直率而犀利地谈论讨厌的人、事、物。

D. 通常是多听少说。

16. 你怎样去帮助他人：

A. 有求必应。

B. 值得帮助的人才帮助。

C. 不轻易承诺，一旦承诺则遵守不移。

D. 往往是心有余而力不足。

17. 你面对别人的赞美会：

A. 有没有都无所谓，特别欣喜也不至于。

B. 不喜欢那些无关痛痒的赞美，宁可让他们欣赏你的能力。

C. 有点怀疑对方是否真诚或者立即保持低调。

D. 来者不拒。

18. 你如何看待你的现状：

A. 你觉得自己这样还不错。

B. 这个世界不进则退，所以你需要不停地前进。

C. 在所有的问题未发生之前，就应该尽量想好所有的可能性。

    D. 快乐最重要。

19. 你如何看待规则：

    A. 不愿违反规则，但可能因为松散而无法达到规则的要求。

    B. 打破规则，希望由自己来制定规则。

    C. 严格遵守规则，并且竭尽全力做到规则内的最好。

    D. 不喜欢被规则束缚。

20. 你认为自己在行为上的基本特点是：

    A. 慢条斯理，办事按部就班，能与周围的人协调一致。

    B. 目标明确，集中精力为实现目标而努力，善于抓住重点。

    C. 慎重小心，为做好预防及善后，会不惜一切而尽心操劳。

    D. 丰富跃动，不喜欢制度和约束，反应迅速。

21. 你如何面对压力：

    A. 化解压力。

    B. 压力越大，动力越大。

    C. 将压力藏在内心慢慢融化。

    D. 本能地回避压力，回避不掉就用各种方法宣泄出去。

22. 当结束一段刻骨铭心的感情时，你会：

    A. 刚开始非常难受，但时间会冲淡一切的。

    B. 虽然觉得受伤，但一下定决心，就会努力把过去的影子甩掉。

    C. 深陷在悲伤的情绪中，在相当长的时期里难以自拔。

    D. 痛不欲生，找渠道发泄。

23. 你如何面对他人的倾诉：

    A. 认同并理解对方感受。

    B. 作出一些定论或判断。

    C. 给予一些分析或推理。

    D. 发表一些评论或意见。

24. 你在以下哪个群体中较感满足：

A. 心平气和、最终大家达成一致结论的。

B. 彼此展开充分激烈辩论的。

C. 详细讨论事情的好坏和影响的。

D. 随意无拘束的、自由散漫的。

25. 你如何看待你的工作：

A. 希望没有压力，追求持久的工作。

B. 应该以最快的速度完成，且争取去完成更多的任务。

C. 要么不做，要做就做到最好。

D. 只想做喜欢的事。

26. 如果你是领导，你内心更希望在部属心目中，你是：

A. 亲近的和善于为他们着想的。

B. 有很强的能力和富有领导力的。

C. 公平公正且足以信赖的。

D. 被他们喜欢并且觉得富有感召力的。

27. 你希望别人怎样认同你：

A. 无所谓别人是否认同。

B. 精英群体认同最重要。

C. 只要我认同的人或者我在乎的人认同就可以了。

D. 希望得到所有大众的认同。

28. 当你还是个孩子的时候，你：

A. 不太会积极尝试新事物，通常比较喜欢旧有的和熟悉的。

B. 是孩子王，大家经常听我的决定。

C. 害怕见生人，有意识地回避。

D. 调皮可爱，在大部分的情况下是乐观而又热心的。

29. 你觉得你会是个怎样的父母：

A. 不干涉子女或者容易被说动的。

B. 严厉的或者直接对孩子加以管理的。

C. 用行动代替语言来表示关爱或者高要求的。

D. 愿意陪伴孩子一起玩的。

30. 你最认可下列哪组格言：

A. 最深刻的真理是最简单和最平凡的。要在人世间取得成功必须大智若愚。好脾气是一个人在社交中所能穿着的最佳服饰。知足是人生在世界上最大的幸福。

B. 走自己的路，让人家去说吧。虽然世界充满了苦难，但是苦难总是能战胜的。有所成就是人生唯一的真正的乐趣。对我而言，解决一个问题和享受一个假期一样好。

C. 一个不注意小事情的人永远不会成就大事业。理性是灵魂中最高贵的因素。切忌浮夸铺张，与其说得过分，不如说得不全。谨慎比大胆要有力量得多。

D. 与其在死的时候握着一大把钱，还不如活时活得丰富多彩。任何时候都要最真实地对待你自己，这比什么都重要。使生活变成幻想，再把幻想化为现实。

将你所打"√"的选项分别计分，然后按照下列提示进行计分：

前 1 ~ 15 题合计数	后 16 ~ 30 题合计数
A 的数量（　　）	A 的数量（　　）
B 的数量（　　）	B 的数量（　　）
C 的数量（　　）	C 的数量（　　）
D 的数量（　　）	D 的数量（　　）
共计：15	共计：15

然后将两边的数目按下列方式进行相加，这样便得出你的性格色彩得分：

红色：前 A+ 后 D 的总数（　　）

蓝色：前 B+ 后 C 的总数（　　）

黄色：前 C+ 后 B 的总数（　　）

绿色：前 D+ 后 A 的总数（　　）

总计：30

在整个测试中，总分中数目最大的字母代表你的核心性格，其他字母的分数则代表你整个性格中组合的整体比例，哪个字母的得分越高，表示你的性格组合中该性格的主导性越强。

1. 红色性格

可以说红色类型的人是 4 种性格中最有魅力的一种性格，他们总是以一种活泼外向的面貌示人，并且开朗、乐观、热情，喜欢成为公众的中心。他们往往有很多新奇的设想和主意，热衷于与别人交谈，特别是谈他们自己。其特点是好奇心重、天真、风趣滑稽、喜欢开玩笑甚至是恶作剧，不拘小节，丢三落四，"务虚"长于"务实"，处世短于为人。

红色类型的人能说会道且乐此不疲，但通常就是纯粹聊天。他们是自然流露的乐天派，开朗豪爽、喋喋不休，但很少直截了当或咄咄逼人。

他们是一些讲故事的行家，在 4 种类型中，他们的声音是花样最多的，在他们表白个人的感情时，音调会有相当复杂的变化。他们说话可能总有一点演话剧的味道，语速快，而且常常是声音很大。"看看我！我是多么与众不同"是你经常能从其口中听到的潜台词。

这种性格的人很讨人喜欢，他们总是能给人带来快乐，只要有他们的地方，就会有欢声笑语。理查德·费曼就是一个这样的人。

理查德·费曼是美国加州理工学院物理系教授，任教约 40 年。20 世纪 30 年代在普林斯顿大学毕业后，他随即被征召加入制造原子弹的曼哈顿计划。费曼生性好奇，在严密的保安系统监控之下，他以破解安全锁自娱。取得机密资料以后，留下字条告诫政府小心安全。

费曼被戴森（《全方位的无限》及《宇宙波澜》的作者）评为本世纪最聪明的科学家，他的一生多姿多彩，从没闲着。他在理论物理上有巨大的贡献，以量子电动力学上的开拓性理论获诺贝尔物理学奖，在物理界享有传奇性的声誉，他的轶事也被传诵一时。他爱坐在上空酒吧内做科学研究，当那酒吧被控告有碍风化而遭到取缔时，他上法庭为酒吧老板作证辩护。

物理学家拉比曾说："物理学家是人类中的小飞侠，他们从不长大，永葆赤子之心。"理查德·费曼永不停止的创造力、好奇心使他成为天才中的小飞侠。《别闹了，费曼先生》这本书是理查德·费曼的一本自传。共同著作人拉夫·雷顿在书中也这样评价费曼：

在长达7年的时间里，我跟费曼经常在一起打鼓，共度了许多美好时光，本书所搜集的故事，就是这样断断续续地从费曼口中听来的。

我觉得这些故事都各有其趣，合起来的整体效果却很惊人：在一个人的一生中居然会发生这么多神奇疯狂的妙事，简直有点难以置信，而这么多纯真、顽皮的恶作剧全都由一人引发，实在令人莞尔、深思，也给我们带来无限启发和灵感！

事实上，《别闹了，费曼先生》整本书就是描写一个红色性格的"成年顽童"所做的所有好玩的事！让我们来看看费曼念书的时候有多顽皮：

我们也常常为邻近的小孩表演魔术——利用化学原理的魔术。我这朋友很会表演，我也觉得那样很好玩。我们在一张小桌上表演，桌子两端各有一个本生灯，上面放了盛着碘的小玻璃碟子——表演时，它们冒出阵阵美丽的紫烟，棒极了！

我们玩了很多花样，像把酒变成水，又利用化学颜色变化等来表演。压轴是我们自己发明的一套戏法。我先偷偷地把手放在水里，再浸入苯里面，然后"不小心"地扫过其中一个本生灯，一只手便烧起来。我赶忙用另一只手去拍打已着火的手，两只手便都烧起来了（手是不会痛的，因为苯烧得很快，而皮肤上的水又有冷却作用）。于是我挥舞双手，边跑边叫："起火啦！起火啦！"所有人都很紧张，全部跑出房间，而当天的表演就那样结束了！

总之，红色性格的人就是这样，让你欢喜让你忧，让你爱也让你恨。用弗罗伦斯·妮蒂雅的一段话来形容红色性格的人是再合适不过了：

遇到麻烦时带来欢笑，身心疲惫时让你轻松。

聪明的主意令你卸下重负，幽默的话语使你心情舒畅。

希望之星驱散愁云，热情和精力无穷无尽。

创意和魅力为平凡涂上色彩，童真帮你摆脱困境。

2. 黄色性格

黄色类型的人个性固执而刚毅，自我感觉良好，充满自信，勇于挑战，遇事善做决断，果敢而不畏风险，然而他们最缺乏耐心，心有所动则溢于言表。那些常常喜欢坐在桌子上发号施令的人，很可能就是黄色类型的人。

"她的衣着充满着强烈的色彩……言语中流露出不可阻挡的说服力，出类拔萃、坚定、果断、强硬、挑战、强烈抗议……"这是美国《时代周刊》的一篇文章，描写的是美国前国务卿奥尔布赖特。也许我们并没亲眼见过这位女国务卿，可是从这篇文章的描述来看，我们已经可以基本确定，奥尔布赖特在公众前的大部分表现可能属于黄色特征。

不仅奥尔布赖特是黄色的性格，世界上很多的成功人士，他们的性格大部分都是黄色特征，像无论是在影界好莱坞还是政坛都很出色、并且连续荣获 7 届"奥林匹克先生"头衔的阿诺德·施瓦辛格，也是典型的黄色性格。

1997 年 3 月 1 日，国际健美联合会主席把"国际健美联合会金质勋章"授予了阿诺德·施瓦辛格，称他为"20 世纪最优秀的健美运动员"，是健美运动史上最优秀的人。

施瓦辛格是 20 世唯一获此殊荣的人。

谁能想到，出生在奥地利的施瓦辛格，幼年竟然是个体弱多病的孩子。不过幸运的是，他从小就喜爱运动，当他发现自己真正喜爱的项目是举重后，潜心苦练长达 3 年，铸就了一副强壮的身板。当时，施瓦辛格的父母怕他锻炼过量，限制他去健身房的次数，但他一确定了目标就不肯再轻易更改，他说："我不能在镜子里看到自己肌肉松弛的样子，更不能违反自己制订的计划。"于是，固执的施瓦辛格把家里一间没有暖气的房间改为健身房继续锻炼。坚持不懈的努力，终于使他在18岁时获得了"欧洲先生"的称号，20岁那年，施瓦辛格更是荣获了"环球先生"。自此之后，他几乎包揽了所有世界级比赛的健美冠军，共集13个世界冠军头衔于一身，这在世界健美界是绝无仅有的。

其后他又开始了演艺生涯，一度成为美国历史上最有票房号召力的明星。现在，大名鼎鼎的施瓦辛格又成了美国加州州长，很多人说他还可能会成为美国历史上第一个非美国本土出生的总统……谁知道呢？在他的身上，什么都有可能发生。

虽然有幸运的成分，但施瓦辛格更多的是靠自己的勤奋走向成功。他有明确的目标，并且甘愿为梦想付出一切。从健美冠军到电影明星，再到加州州长，施瓦辛格用自己的传奇人生提示着人们："只要不放弃自己的追求，梦想总有实现的一天。"

然而，正如施瓦辛格的坚定一样，他的黄色性格中的固执也在他的身上体现得淋漓尽致。

在他担任加州州长后，不仅在政府事务上比较固执，在子女教育上，他也表现出了力量型父母的最主要的特点——用强硬手段来支配子女，命令他们什么该干而什么不能。

施瓦辛格管教自己的4个儿女时，就像是他扮演的"终结者"一样，常让一家人感到心惊胆寒。

总之，黄色性格在4种性格中是最容易成功的一种性格，这与他们坚定执着、刚毅强硬等性格特征相关。总体来说，黄色性格也可用以下一段话来加以概括：

当别人失去控制正在迷惘时，他会有着坚强的控制力和决断力。在充满疑虑的前景下，他仍然愿意去把握每一个机会。

面对嘲笑，他会满怀信心地坚持真理；面对批评，他会仍然坚守自己的立场。

当身处迷茫时，他能够找明生活的航向。面对困难，他必定顽强对抗，不胜不休。

3. 蓝色性格

蓝色类型的人总是给人以矜持和沉稳的感觉，他们对自己本身也是团队的一部分这点没有太多的认知，而且总是回避风险，不管需要付出什么代价。他们是特立独行的人，他们可能比绿色类型的人更想把事情办好，但是会用比黄色类型的人更为低调一点的方式。

蓝色类型的人说话的时候措辞谨慎、语调平缓，似乎不带感情色彩，通常他们只有在自己认为必要的时候才发言。他们的声音也不会告诉你他们在想什么，你有时可能会感觉他们比较冷淡。

蓝色类型的人最突出的特征就是他们绝对是不折不扣的完美主义者和理想主义者，他们追求完美，为人小心谨慎，擅长思考，酷爱理性分析，在乎细节，敏感但喜怒不形于色。他们做事有条不紊，讲求章法，遇事总遵循原则，但有时也会显得过于死板。

但也正是由于蓝色类型的人追求完美，有完美主义倾向，因此，他们也是4种性格类型中最接近艺术本质的性格：完美而细腻，深邃而独特。因此，蓝色性格往往是最容易造就艺术家的一个性格，在世界闻名的艺术家中，不少人都是蓝色性格。像导演过《大白鲨》《E.T外星人》《霍克船长》《侏罗纪公园》《辛德勒名单》《拯救大兵瑞恩》及《廊桥遗梦》等影片的著名导演斯皮尔伯格就是典型的蓝色性格。

1946年12月18日，斯皮尔伯格出生于美国俄亥俄州。童年的他是个腼腆的男孩，自以为鼻子太大而羞于见人。长辈们说他从小就不爱和人讲话，喜欢一个人待在角落里幻想。直到有一天，他从父亲的手里接过一台8厘米摄影机，从此，那个优柔寡断的男孩突然变成了一个思想深刻、悲天悯人的大导演。他的影片，无论是孩子气十足的《E.T外星人》《霍克船长》，还是富有人性哲理的《辛德勒的名单》《人工智能》，都会让我们为影片背后所展现的深刻内涵而感动。他怎么会把大制作拍得如此奇异、梦幻、富有童趣和温情，同时还可以在严肃的电影领域创造令人难以置信的辉煌？到底是怎样的精神世界，让他不但对宇宙产生美轮美奂的梦想，还对世界历史上的暴行产生充满责任感的叹息之情？

当年那个害羞的小孩子今天已经成为世界级的大导演，可是在他的电影里，我们依然可以隐约看到那个孩童般富于幻想的精神世界。

"我的电影都隐含着自己的童年，它隐含在电影的故事或者构思里面，只有在童年才能找到我想要的东西。童年是我创作取之不尽、渊博绵延的宝库。"斯蒂芬·斯皮尔伯格说。

蓝色性格的人似乎天生就有一种高雅而脱俗的艺术家气质，他们总是在沉默中爆发出令人惊叹的力量。那么，就让我们用下面这一段话来概括所有蓝色性格的人，这是对他们最好的评价：

洞悉人类心灵世界的敏锐目光，欣赏世界之美善的艺术品位。所有的天才都具有优势，具有创作出前无古人之惊世作品的才华。工作忙乱时入微的观察，缜密的思维，始终如一的处世目标。任何事都做得有条不紊，具有圆满成功的理想和决心。

4.绿色性格

绿色性格的人就像绿色一样，给人一种平和而宁静的印象，就像是平静的湖面，很难激起波澜。他们一般都平和低调，无异议，少主见；慢性子，不慌不忙，极有耐心，擅长聆听而非表达；喜欢平稳的生活而不是冒险，最看重的是与他人关系的亲疏远近；他们很有人缘，注重合作，不喜欢冲突，总希望面面俱到；有时过于保守，对变革从来都不积极，乐于担当旁观者。

他们又是那种与人为善、敏感细腻的人，可能有一点缺乏主见或者是温良恭顺。他们喜欢询问别人的观点，很少会把自己的观念强加于别人，他们喜欢稳定和被人接受。与表达相比，他们更擅长聆听。说话的时候，他们通常会用比较沉稳和平和的语调，他们的声音中不乏温情和真诚。

我们似乎总能在社会公益活动中见到绿色性格的人，他们似乎永远都是那样的平和与耐心，也许他们没有红色性格的人那么多的梦想，也没有黄色性格的人那么多的目标，但是，他们是最踏实的人，他们总能在平凡的岗位和事情中做出不平凡的成绩。特蕾莎修女便是这样一位伟大的绿色性格女性，一位伟大的"绿色天使"。

特蕾莎修女是阿尔巴尼亚人，1910年她出生在马其顿首都斯科普里城，但她一生都在印度的加尔各答为穷人服务，并且成为印度公民。

特蕾莎修女是1979年诺贝尔和平奖的获得者，她是继阿尔伯特·史怀泽博士1952年获得诺贝尔和平奖以来，最没有争议的一个得奖者，也是20世纪80年代美国青少年最崇拜的人物之一。她活着时是世界上获奖最多的人，但她从未在自己身上花过哪怕一分钱的奖金。她认为她只是穷人的手臂，她是代替世界上所有的穷人去领奖的。

特蕾莎修女除了被誉为"穷人的圣母"外，还被誉为"慈悲天使""贫民窟的守护者""行动的爱者""贫民窟的圣人""带光行走的人"等。她创建的仁爱传教修女会在1997年她去世时拥有4亿多美元的资产，世界上最有钱的公司都乐意无偿地捐钱给她；她的组织有7000多名正式成员，组织外还有数不清的追随者和义工；她与众多的总统、国王、传媒巨头和商业巨子关系友善，并受到他们的敬仰和爱戴……

但是，她住的地方，除了电灯外，唯一的电器是一部电话；她没有秘书，所有信件她都亲笔回复；她没有会客室，她在教堂外的走廊里接待所有来访者；她的衣服一共只有3套，而且自己换洗；她只穿凉鞋，不穿袜子。当她去世时，人们看到她所拥有的全部个人财产，就是1张耶稣受难像，1双凉鞋和3件滚着蓝边的白色粗布纱丽——1件穿在身上，1件待洗，1件已经破损，需要缝补。

特蕾莎修女的思想核心只有4个字：爱无界限。特蕾莎修女曾经在不同的场合反复表明她的观点，她不关心政治，更不关心阶级，她只关心人，每一个具体的人，不管那是一个什么样的人。因此她对人的爱，是没有界限的——不只是超越了种族、国家，更重要的是，超越了宗教。她自己是一名虔诚的天主教修女，但她耗尽一生为之付出的人，绝大多数却都是其他宗教的信徒，或是没有宗教信仰的人。她的平和宁静总能慰藉那些受伤的心灵，她的耐心足以平息人内心的仇恨，她的爱足以融化所有人心里的冰山。

可以说，将绿色性格的人称为"和平主义者"是绝对的名副其实，他们的一言一行也正体现了他们的性格，正如下面一段话所言：

稳定地保持原则，忍受惹是生非者的耐心。

当别人说话时，你会聆听；天赋的协调能力，会把相反的力量融合。

富有安慰受伤者的同情心，为达到和平而不惜任何代价。

头脑冷静，有时连你的敌人都找不到你的把柄。

荣格性格分类

著名心理学家荣格通过对内向型性格、外向型性格及性格的思维、直觉、情感、感觉4种功能进行全面地分析和研究后，将一些特殊的性格表现同心理类型结合起来，最终得出了8种性格，即外向思维型、外向直觉型、外向情感型、外向感觉型、内向思维型、内向直觉型、内向情感型、内向感觉型。

1. 外向思维型

这种类型的人，努力使自己生活在一般社会普遍承认的规范中。这些人不以自己随意的独断作为判断的基础标准，他们的判断具有客观性。他们能出色地把握各种客观的事实和条件，在深思熟虑后作出结论，并使自己的行动理性化。

这种类型的人，不仅对自己，而且在与周围人的关系方面，不论被视为善恶，还是被视为美丑，一切都以被赋予理性的原则作为最高标准。这种类型的人在顺应时代的潮流方面极为敏锐和出色。但是，如果过于跟随潮流，他们就给人一种极其前卫的印象；如果生活态度僵硬化，就会给人一种缺乏自由豁达的感觉。因为这种类型的人大多数位于极端之中。

这种类型的人因为思考占优势，所以，属于感情的东西被压抑，美的活动、兴趣、艺术鉴赏、交朋友等方面被阻碍和排挤。如果感情过于压抑，在无意识中的感情就会反抗，那么也许会产生连本人都不知道缘由的结果。

由于这一类型的人的理性很强，由理性来主导行动，而且看待和对待事物较为客观，因此，这一类型主要是男性，因为思维作为决定性的功能多数体现为男性。通常情况下，当思维在女性身上占据优势时，它来源于心灵中直觉的活动占优势地位。

通俗地讲，此类人属于行动型，在社会中容易获得成功。他们头脑灵活，适合从事政治、经济、顾问、医生等工作。但是，他们在行恶的场所也容易犯罪。这种人想尽力摆脱主观对行动的影响。

2. 内向思维型

内向思维型的人与外向型思维的人相同，也追求理念，只是其方向相反，不是向外，而是向内。这种人善于在自己的内心构筑并发展理想的世界。总是富有积极性，不会因麻烦、危险、被视为异端或唯恐伤害别人的感情等理由而停滞不前。

然而，这种人却不善于把其理想付诸于现实，很多人的实际能力不太出色。因为他们常常忽视客观存在，而是为理论而理论。其追求理想的方式是主观、固执，不接受他人的意见。

对待周围的人，这种人只是消极地关心，甚至漠不关心。因此，别人感到自己像被讨厌者一样被其拒绝。这种人一般给周围人冷淡、任性和自以为是的印象。因为这种人对来自他人的妨碍感到不安，所以，这种人对周围的人也会表现出礼貌和亲切，但其态度总让人感到生硬。

这种人容易引起周围人的误解，不擅长社交，也不知如何得到对方的好感。与其亲近的人会极其赞赏这种人的亲切态度和丰富的内心世界，但与其疏远的人，却认为这种人冷淡、难以取悦、难以接近甚至妄自尊大。但这种人并不是骄傲自大，在构筑内心理想方面有勇气，敢于大胆地冒险，他们只是在同外界现实接触时怯懦、不安、想法设防。不愿自我吹嘘是这种人的美德，因为他们本来就不在意别人对自己的评价。但有时遇到非常理解的人，反而立即给予对方过高的评价。

一般来说，内向思维型的人的头脑非常聪明，但不是为了成就一番事业，而是为了满足内心的需要，所以在社会上并不会成功，是典型的孤芳自赏型。德国哲学家康德就属于这一类型。同外向思维的典范——达尔文相比，前者注重主观因素，后者依据的是客观事实。康德把自己限定在对知识的评论上，而达尔文善于对极为丰富的客观现实进行探讨。在内向思维型的人看来，金钱、地位、名利不是最重要的，最重要的是自己内心的问题。这类人在数学、物理等领域能取得很大的成就。从某个角度看，这类人可能成为极富情感的人。

3. 外向情感型

外向情感型的人，女性占绝对多数，她们往往选择任随自己情感的生活方式。其情感比较顺应周围的状况，她们的价值判断也同样。例如，随他人对人或事物作出"好"或"坏"的评价，自己一般不作出评价。所以，这种人较随和，在人群中可形成和谐的气氛。

女性最能清楚地表现这个特点的是选择结婚对象。女性在择偶时，不仅看对方的身份、年龄、职业、收入、身高、家庭环境等，还要看其是否符合自己的要求。与其说是自己喜好，不如说是符合社会标准。而这种类型的人，由于其情感功能占优势，所以思考功能就被压抑。但思考功能并不是不发挥作用。只是，这种人的思考不是为思考而思考，而只是将其作为情感的附属品，是为服务于情感才发挥作用的。

如果这种类型的女性过于顺从，就会丧失情感中富有巨大魅力的个性。不仅如此，还使人感到浅薄、玩弄花招和装模作样。在第三者看来，这种人的主体性完全埋没于感情之中，刚才是这种情感，而一瞬间又变成另一种情感，难免给人见异思迁、变化无常的印象。

荣格认为，外向情感型的人善于判断周围情况，在社会上起主角的作用。不过，由于对外界过于适应，反而对自己不利。他们经历某种分化后最终内心变得十分冷漠。虽然有非常美好的理想，但往往还没计划好就盲目行动，所以后果不堪设想。

4. 内向情感型

这种人的感情发展程度从外部很难窥知。少言寡语，难以接近，遇到粗野的人就立即躲开。因此，在旁人看来，是沉静、彬彬有礼及性情深不可测的人，有时也被认为是忧郁的人。但如果对他人过于回避，就会被人猜测为这个人对他人的幸福或不幸都持事不关己的心态。事实上，这种人对初次见面或毫不相关的人，不会表现出热情欢迎的态度，而是采取冷淡或拒绝的态度。总之，他们对外界漠不关心。

这种人也不是没有业余爱好，或没有被令人兴奋的事情和人物所吸引的时候。这种类型的人一般采取善意的中性态度，或根据情况的变化，也表现出轻微的优越态度或批判态度，因此，会给人高高在上的印象。如果是女性，即使受到激情的袭扰，她也会冷静地按捺、克制自己的激情。

这种类型的女性，想使自己与对方的感情停留在平静、均衡的状态，而禁止过于激越的感情。所以，在陷进去之后，她们就"刹车"并开始轻视对方。在这种情况下，只看这种人表面的人，就会轻易地认为这种人"冷淡"或毫无感情。但是，这种评价估计有些偏激，这种人只是抑制和不表露感情，而内心却蕴藏着热情。

这种人富有同情心，一旦同情某人就不是表面上的同情，而是极为深切的同情。由于这种同情过于深切，所以就像自己的事情一样感到悲哀，他们会毫不虚假地安慰、鼓励对方。但由于他们对某些人或事物什么也不表露，所以周围的人，特别是外向型的人认为这种人非常冷淡。但是，有时他们深切的同情会溢于言表，并做出令人惊奇的、崇高的或自我牺牲的献身行为。

荣格通过研究发现，女性中多出现这种明显的内向情感，用"静水则深"来形容这类女性十分贴切。许多这类女性性格文静，沉默寡言，较难接触，难以捉摸；她们往往表现出幼稚可爱或平庸的样子，显得自己毫不出众，看上去很忧郁。她们的主观情感掌握了自己生命的支配权，真实的动机被挡住了，所以她们显得不太真实；她们和谐的举止并不会引人特别注意，但她们富有爱心，经常参与慈善活动；她们与人相处很和睦，容易与他人产生共鸣，但不会去关心他人的感受和幸福，不想用任何方式或态度去打动、影响他人，或让其按照自己的意愿去做。

可以说，内向情感型是这8种性格中最中庸的一个，当出现某类能让人迷失或激起热情的东西时，内向情感型的人往往会采取保持中立的态度，既不肯定也不批评，有时还会用一些优越感的力量给那个导致敏感的因素一些厉害。

5. 外向直觉型

外向直觉型的人，具有把握隐藏在客观事实深处的可能性的能力。他们认为，重要的不是现实，而是可能性。所以，这种人不断地追求可能性，感到日常安定的生活环境像监狱一样令人窒息。

一旦热心于追求可能，他们就会显示异常的狂热状态。但是，一旦看到没有再飞跃发展的希望时，就立即冷淡下来，或干脆放弃。例如，对某项事业的计划简单地认为"这个计划将来有希望"，由于对自己的直观能力很自信，所以他们就勇往直前。从这个意义上讲，他们是冒险家。当他们的事业走上轨道，趋向安定之后，一般人都认为继续从事这个事业更为安全有利，但这种人却想转向别的工作。

由于这种类型的人不尊重周围人的观点、主张和生活习惯，因此，有时被看做是不道德、冷酷、鲁莽的人。在企业家、商人中，属于这种类型的人有不少。但是，这种类型的人中女性比男性多。女性的直观活动能力，不是表现在职业方面，而是表现在社交的舞台上。这种女性具有利用一切社交的可能性、去与有势力的人熟知乃至亲密接触的能力。在选择交际或配偶方面，她们能敏捷、迅速地寻找到有前途的男性。但是，如果出现新的其他可能性时，迄今所得到的一切，她们就会全都放弃。

直觉者自认为有特殊的道德观，重视直觉的观点，并信服直觉观点的威望，不关心他人的事以及他人的想法，更有甚者对自己的安全状况也毫不关心。由于从不崇拜任何人，因此经常被认为是高傲、冷淡、失德的冒险家。这类人对外界客观事物的关心以及寻找各种可能性，就预示着他对某种职业怀有极大的兴趣，很乐意将自己全身心地投入到此项工作中，并将自己的才华运用到每个方面。他们能够观察到事物本质和事物的可能性，如果才华横溢，将会在新商机中取得成功。许多企业家、投资者、证券人、商业大亨、文化经纪人、政客等均属这类人。

6. 内向直觉型

内向直觉的特殊性质如果处于优势，就会有一种特殊类型的人产生，也就会有神秘莫测的幻想者、预言家或幻想的狂人和艺术家出现。其中艺术家被看成是这种类型中的正常情形，因为这种类型的人有把自身局限于直觉和知觉特性之间的倾向。知觉是直觉者的主要问题，那些具有创造性的艺术家也是如此。

个体与真实之间强烈的疏远是由直觉的强化所导致的，这使得爱幻想的狂人在生活圈子中变成像个"谜"一样的人。他如果是一个艺术家，就能在艺术领域创造出许多新奇古怪的作品，这些作品中既有色彩斑斓的，又有琐屑无聊的，还会有可爱的、怪诞的、狂妄的……如果他不是艺术家，将会是一个得不到赏识的天才，一个"走错路"的人，或是一个"心理"小说中的角色。

这个类型中直观性为一般程度的人，给人不愿意与现实接触，也不努力适应现实的印象。对这种人来说，无论现实怎样都无所谓。事实上，外界的人物、事物及其他一切对这种类型的人员都不会产生刺激。自己本是社会的一员，但作为社会的一员会给周围的人带来什么影响，他们对这种意识非常淡薄。所以，在外向型的人看来，这种人极度轻视世俗的事物。

一般而言，这种人给人的印象是腼腆、客气、缺乏自信、手足无措。与人交往时，则生硬、笨拙和不善表达，所以显得缺乏趣味。可是，这种类型的人，与内向型感觉类型相同，不少人有丰富的内心世界，蕴藏着用语言难以表达的优秀品质。

7. 外向感觉型

愿意生活在现实之中，却没有支配欲望及反思倾向的人属于外向感觉型人。他们希望可以经常地拥有感觉，察觉客观事物的存在，还要尽可能地享受感觉。他们具有追求欢乐的能力，注重现实带来的快感，但他们并非不可爱，反而是一种很好的伙伴或对象。他们是生活中的"乐天派"，视觉和味觉都非常灵敏，有时颇具审美功底，在设计和厨艺等方面都很出色。很多时候，他们会把很重要的事情放在一旁，甚至可以为晚餐是否丰盛这样的问题而绞尽脑汁。

当客观事物带给他们所想要的那种感觉后，他们对那些客观事物就再也没有听下去或看下去的兴趣了。但这些客观事物必须是具体的、实实在在的，或是超越具体性的但能增强感觉的推测。有时感觉的强化并不会使他们自身愉悦，他们也并不在意，因为他们只渴望得到这种单纯的感觉，而不是官能刺激。

然而，与外向思考型不同，这种人不以原则和理念规范自己，也不追求理想。重要的是现实，热爱、喜欢现实。因此，他们非常好客，愿意热情招待，谈笑风生。约会时，他们不会使对方感到无聊。服装和随身用品都很讲究。但是，如果采取过于拘泥于现实的生活态度，就会给周围人留下爱讲排场、虚荣心强的印象。

一般来说，这种类型的人不把道德放在首位，这绝不是不道德。他们不喜欢被道德之类的东西所束缚的痛苦生活，他们要活得自由奔放。但是如果无意识的反抗增强，在日常生活中，就会带有比道德、宗教更强烈的迷信色彩，或把繁琐的仪式引入生活。除此之外，还有不少人表现出极端固执的生活态度。

8. 内向感觉型

所有内向型的人都有远离外部客观世界的倾向，内向感觉型的人也不例外。他们对外界的一切事物都不在意，不管别人说什么都听不进去，只是沉浸在自己的主观感觉之中，把自己的审美意识当做人生的追求。

他们往往只关注事物的效果及自身的主观感觉，对事物的本身一点儿也不在乎。当今许多年轻人都有这一特点，无论是内向还是外向性格，感觉型的比较多。他们大多自我感觉良好，多数艺术家就属于这一类型。

荣格提出，内向感觉型是一种非理性类型。这种类型的人对偶然发生的事件进行选择时，总是被所发生的事件牵引着走，而不是从理性观点上出发。从外部看，他们无法预测将有哪些事情发生，因此只有当一种与感觉力量相等的机敏表达出现时，这类人的非理性才会被唤醒。

不善表达是内向型的特征之一，这一特征将被他的非理性挡在身后，然后通过冷静或消极的行为，以及对理性的自我抑制的形式来表达这种非理性。

这类人认为外部的世界与自己丰富多彩的内心世界相差太远，他们有时在内心中构建一个神奇的世界，在那里，人、动物、山河都是半神半魔的样子，尽管他们自己不这么认为，但那些东西已进入其脑海，并在其判断和行为中被充分表现出来。除了艺术之外，他们感觉没有能使其施展才能的空间。外人认为他们沉默、安静、自制、随和，其实他们的思想和情感十分贫乏，是非常单调的人。

当然，内向感觉型的人如果具有出色的表现能力，就会成为主观表现欲极强的艺术家。可是，通常这种类型的人不仅不具备这种能力，反而不善于表现。因此，在第三者看来，这种人具有谨慎、被动、平静及理性的自我抑制等特征。

但是，如果仔细观察，就会发现这种人所采取的主观态度令人感到奇异，给人一种无视周围的人和事、无视外界的感觉。有时，他们也能接受、理解外部的信息，并反映在自己的行为方式上，但外界的作用并不能到达本人内心。程度更强烈时，其感觉、方法和行动，都脱离现实，体现出一种真正的奇特。而且，这种人并不强迫周围人的理解并承认其感觉方式，而是满足于自己封闭的世界，满足于平衡而温和地与外部现实世界的接触。

因此，这种人一般对周围的人不会造成伤害，但容易成为他人攻击和支配的牺牲品。由于这种人不太关心他人怎样对自己，所以，即使被不适当地对待，也容易听之任之。即使被别人颐指气使，也会甘心忍受。但有时，他们也意外地发挥其反抗性和顽固性，以发泄自己的愤怒。

这种类型的人，由于易采取独自生活在幻想世界的生活态度，所以会脱离现实，强行推行自己的要求并开始发挥破坏性威力。一旦达到极端，就与外向感觉类型一样，会具有极端顽固的生活态度。

第二章
认识自己的性格

作品不可能完全相同，性格也一样。人的性格千差万别，我们每个人都有与众不同之处。每个人天生就有着与兄弟姐妹不同的组合特征，天生就有着自己的性情、自己的组合材料、自己与生俱来的特质。虽然环境、民族、经济环境和父母的影响都能塑造一个人的性格，但内在的本质却改变不了。

认识性格才能完善性格

法国作家让·吉罗杜说过："从我们的幼年开始,每个人身上就编织了一件无形的外衣。它渗透于我们吃饭、走路以及待人接物的方式之中。这件外衣就是我们的性格。"

然而，人与人之间的性格又存在着巨大的差异，这就正如我国古典名著《水浒传》中描写的 108 条梁山好汉，108 个人，108 种性格，个个不同;《红楼梦》里丫环小姐无数,也都各有各的性格。文学作品中如此，现实生活中个体之间的性格差别，就像我们的指纹一样，只有类别上的相似，没有绝对的相同。性格是区别人与人之间差异的重要特征之一。

正因为人的性格多种多样，而且方案复杂，因此，我们更需要了解自身和他人的性格，这将有利于我们更好地去生活。正如我国古代《孙子兵法》中的一句良言："知己知彼，百战不殆！"而在《老子·三十三章》中也提到："知人者智，自知者明，胜人者有力，自胜者强。"而在这一点上，东西方似乎同时都产生了共鸣，古希腊的哲学家苏格拉底更是直白地喊出了："人啊！认识你自己。"

了解和认识自己主要是指认识自己的性格：自己是内向的、外向的，封闭的、开朗的，自卑的、自信的，懒惰的、勤劳的，虚荣的、朴素的，偏执的、随和的，浮躁的、平和的，狭隘的、心胸宽广的，贪婪的、怯懦的，多疑的……不管是什么样的性格都不要紧，因为性格是可以塑造的。优良的性格可以发扬，有缺陷的性格可以克服。歌德说过："人人都有惊人的潜力，要相信自己的力量与青春，要不断地告诉自己，万事全依赖自己。"谚语有云："播种行为，收获习惯；播种习惯，收获性格；播种性格，收获命运。"

正确地认识自己的性格，找出性格中的长处和缺陷，长处要保持，缺陷应克服。只有这样，我们才能在生活和工作的各个方面获得成功。每个人生来就与众不同，世界上只有一个自己，绝对不会有第二个人和自己一模一样。每个人的性格各不相同，但没有谁是绝对的性格优越，也没有谁是绝对的一无是处。同一种性格特征，从不同的角度看，可能会有不同的利弊结论，关键在于自己在确定目标后如何去发挥性格的长处和力量。比如某人可能是孤僻偏执的，因此朋友很少，生活乏味，没有快乐，但他却可能因超乎寻常地专心正研究某个科学问题或刻苦工作，而在事业上更易成功。

探寻性格、塑造自我之路的第一步并不是要望着天空做无尽的冥思苦想，应注意不要硬套上那并不合适自身的衣裳。不要故作姿态，也不要在茫然中生活和工作，那样是在浪费生命。让我们把目光投向自身，投向四周的世界来发现自己。在做过所有的尝试之前，在你几乎要到达终点之前，不要以为你已知道了事实的全部。

你能够想象你将是你自己的米开朗琪罗吗？

如果不能，就应该停下手头的工作！应该开始认识自己！应该开始迈出探寻性格、塑造自我之路的第一步！赋予自己的生活、工作以意义！

菲尔测试及性格分析

请你凭你的直觉如实地回答下列问题，各题为单选，选择一个最符合自己情况的选项。

1. 你什么时候感觉最好：

①早晨。

②下午及傍晚。

③夜里。

2. 你怎样走路：

①大步地快走。

②小步地快走。

③不快，仰着头面对着天空。

④不快，低着头。

⑤很慢。

3. 与人交流时，你一般会：

①手臂交叠地站着。

②双手紧握着。

③一只手或两手放在臀部。

④碰着或推着与你说话的人。

⑤碰着你的耳朵、摸着你的下巴或用手整理头发。

4. 坐下来时，你习惯于：

①两膝盖并拢。

②两腿交叉。

③两腿伸直。

④一腿蜷在身下。

5. 你一般怎样笑：

①开怀大笑。

②笑，但不大声。

③轻声地、咯咯地笑。

④羞怯地微笑。

6. 当你去参加一个活动，你会：

①很大声地入场以引起他人的注意。

②安静地入场，找你认识的人。

③非常安静地入场，尽量保持不被他人注意。

7. 当你正在非常专心地工作时，有人打断你，你会：

①欢迎他。

②感到非常恼怒。

③在以上两大极端之间。

8. 下列颜色中，你最喜欢哪一种颜色：

①红或橘色。

②黑色。

③黄或浅蓝色。

④绿色。

⑤深蓝或紫色。

⑥白色。

⑦棕或灰色。

9. 临入睡的前几分钟，你在床上的姿势是：

①仰躺，伸直。

②俯躺，伸直。

③侧躺，微蜷。

④头睡在一手臂上。

⑤被子盖过头。

10. 你经常会做的梦是：

①从高处落下。

②与别人打架或挣扎。

③找东西或找人。

④在天上飞或在水里漂浮。

⑤平常不做梦。

⑥梦都是愉快的。

以上各题的分数分配如下：

第1题	①	2分	②	4分	③	6分							
第2题	①	6分	②	4分	③	7分	④	2分	⑤	1分			
第3题	①	4分	②	2分	③	5分	④	7分	⑤	6分			
第4题	①	4分	②	6分	③	2分	④	1分					
第5题	①	6分	②	4分	③	3分	④	5分					
第6题	①	6分	②	4分	③	2分							
第7题	①	6分	②	2分	③	4分							
第8题	①	6分	②	7分	③	5分	④	4分	⑤	3分	⑥	2分	⑦ 1分
第9题	①	7分	②	6分	③	4分	④	2分	⑤	1分			
第10题	①	4分	②	2分	③	3分	④	5分	⑤	6分	⑥	1分	

将每小题的得分进行相加，最后得出一个总分数。

1. 低于21分——内向的悲观者

你是一个害羞的、神经质的、优柔寡断的人，你对别人有依赖感，需要人照顾，面对事情你永远没有自己的主见，总期待别人为你做决定；你是一个杞人忧天者，一个永远为不存在的问题自寻烦恼的人，也许有些人觉得你令人乏味，但那些深知你的人知道你不是这样的人。

2. 21～30分——缺乏信心的挑剔者

你是一个谨慎的、十分小心的、勤勉刻苦的、却很挑剔的人，一个缓慢而稳定、辛勤工作的人。一般而言，你的言行都在大家的意料之中，也就是说，你的性格是一个相对稳定的性格。

3. 31～40分——以牙还牙的自我保护者

你是一个明智、谨慎、注重实效、伶俐、有天赋、有才干且谦虚的人。你在交友方面很谨慎，一旦成为朋友，你将对朋友非常忠诚，同时要求朋友对你也有忠诚的回报。如果一旦这种信任被破坏，你将很难过。

4.41 ～ 50 分——平衡的中庸者

你是一个有活力、有魅力、讲究实际且永远有趣的人；你亲切、体贴、能谅解人；你是一个永远会给人带来快乐并会帮助别人的人；你经常是群众注意的焦点，但是你还不至于因此而昏了头。

5.51 ～ 60 分——吸引人的冒险家

你具有令人兴奋的、高度活泼的、相当易冲动的个性；你是一个天生的领袖，能在很短的时间内作出决定，虽然你的决定不总是对的。你是一个愿意尝试机会而敢于冒险的人。因为你能给人带来刺激，周围的人都喜欢跟你在一起。

6.60 分以上——傲慢的孤独者

在别人的眼中，你是自负的、以自我为中心的，是个有极端支配欲、统治欲的人。别人可能钦佩你，但同时也会从骨子里讨厌你的自负和高傲。

MSCP 测试及性格分析

美国心理学家弗洛斯·妮蒂雅将人的性格分为 4 种基本类型：活泼型（S）、完美型（M）、力量型（C）及和平型（P），又为人们进一步了解和认识自身的性格提供了一种科学的方法，请按照相关提示完成下列的测试。

在你认为最适合你的实际情况的这项前做上记录，只能选择一个答案，每个选择 1 分。

你认为你具备下列哪些优点：

1. ☐ 富于冒险　☐ 适应力强　☐ 生动　　☐ 善于分析
2. ☐ 坚持不懈　☐ 喜好娱乐　☐ 善于说服　☐ 平和
3. ☐ 顺服　　　☐ 自我牺牲　☐ 善于社交　☐ 意志坚定
4. ☐ 体贴　　　☐ 自控性　　☐ 竞争性　　☐ 使人认同
5. ☐ 使人振作　☐ 受尊重　　☐ 含蓄　　☐ 善于应变
6. ☐ 满足　　　☐ 敏感　　　☐ 自立　　☐ 生机勃勃

7. ☐ 计划者　　☐ 耐性　　☐ 积极　　☐ 推动者

8. ☐ 肯定　　☐ 无拘无束　　☐ 时间性　　☐ 羞涩

9. ☐ 井井有条　　☐ 迁就　　☐ 坦率　　☐ 乐观

10. ☐ 友善　　☐ 忠诚　　☐ 有趣　　☐ 强迫性

11. ☐ 勇敢　　☐ 可爱　　☐ 外交手腕　　☐ 注意细节

12. ☐ 令人高兴　　☐ 贯彻始终　　☐ 文化修养　　☐ 自信

13. ☐ 理想主义　　☐ 独立　　☐ 无攻击性　　☐ 富激励性

14. ☐ 感情外露　　☐ 果断　　☐ 尖刻幽默　　☐ 深沉

15. ☐ 调节者　　☐ 音乐性　　☐ 发起者　　☐ 喜交朋友

16. ☐ 考虑周到　　☐ 执着　　☐ 多言　　☐ 容忍

17. ☐ 聆听者　　☐ 忠心　　☐ 领导者　　☐ 精力充沛

18. ☐ 知足　　☐ 首领　　☐ 制图者　　☐ 惹人喜爱

19. ☐ 完美主义者　　☐ 和气　　☐ 勤劳　　☐ 受欢迎

20. ☐ 跳跃型　　☐ 无畏　　☐ 规范型　　☐ 平衡

你认为你有下列哪些缺点：

21. ☐ 乏味　　☐ 忸怩　　☐ 露骨　　☐ 专横

22. ☐ 散漫　　☐ 无同情心　　☐ 缺乏热情　　☐ 不宽恕

23. ☐ 保留　　☐ 怨恨　　☐ 逆反　　☐ 唠叨

24. ☐ 没耐性　　☐ 胆小　　☐ 健忘　　☐ 率直

25. ☐ 挑剔　　☐ 无安全感　　☐ 优柔寡断　　☐ 好插嘴

26. ☐ 不受欢迎　　☐ 不参与　　☐ 难预测　　☐ 缺同情心

27. ☐ 固执　　☐ 即兴　　☐ 难以取悦　　☐ 犹豫不决

28. ☐ 平淡　　☐ 悲观　　☐ 自负　　☐ 放任

29. ☐ 易怒　　☐ 无目标　　☐ 好争吵　　☐ 孤芳自赏

30. ☐ 天真　　☐ 消极　　☐ 鲁莽　　☐ 冷漠

31. ☐ 担忧　　☐ 不善交际　　☐ 工作狂　　☐ 喜获认同

32. ☐ 过分敏感　　☐ 不圆滑老练　　☐ 胆怯　　☐ 喋喋不休

33. ☐ 腼腆　　☐ 生活紊乱　　☐ 跋扈　　☐ 抑郁

34. ☐ 缺乏毅力　　☐ 内向　　☐ 不容忍　　☐ 无异议

35. ☐ 杂乱无章	☐ 情绪化	☐ 喃喃自语	☐ 喜操纵
36. ☐ 缓慢	☐ 顽固	☐ 好表现	☐ 有戒心
37. ☐ 孤僻	☐ 统治欲	☐ 懒惰	☐ 大嗓门
38. ☐ 拖延	☐ 多疑	☐ 易怒	☐ 不专注
39. ☐ 报复型	☐ 烦躁	☐ 勉强	☐ 轻率
40. ☐ 妥协	☐ 好批评	☐ 狡猾	☐ 善变

优点：

S	C	M	P
活泼型	力量型	完美型	和平型
1. ☐ 生动	☐ 富于冒险	☐ 善于分析	☐ 适应力强
2. ☐ 喜好娱乐	☐ 善于说服	☐ 坚持不懈	☐ 平和
3. ☐ 善于社交	☐ 意志坚定	☐ 自我牺牲	☐ 顺服
4. ☐ 使人认同	☐ 竞争性	☐ 体贴	☐ 自控性
5. ☐ 使人振作	☐ 善于应变	☐ 受尊重	☐ 含蓄
6. ☐ 生机勃勃	☐ 自立	☐ 敏感	☐ 满足
7. ☐ 推动者	☐ 积极	☐ 计划者	☐ 耐性
8. ☐ 无拘无束	☐ 肯定	☐ 有时间性	☐ 羞涩
9. ☐ 乐观	☐ 坦率	☐ 井井有条	☐ 迁就
10. ☐ 有趣	☐ 强迫性	☐ 忠诚	☐ 友善
11. ☐ 可爱	☐ 勇敢	☐ 注意细节	☐ 外交手腕
12. ☐ 令人高兴	☐ 自信	☐ 文化修养	☐ 贯彻始终
13. ☐ 富激励性	☐ 独立	☐ 理想主义	☐ 无攻击性
14. ☐ 感情外露	☐ 果断	☐ 深沉	☐ 尖刻幽默
15. ☐ 喜交朋友	☐ 发起者	☐ 音乐性	☐ 调节者
16. ☐ 多言	☐ 执着	☐ 考虑周到	☐ 容忍
17. ☐ 精力充沛	☐ 领导者	☐ 忠心	☐ 聆听者
18. ☐ 惹人喜爱	☐ 首领	☐ 制图者	☐ 知足
19. ☐ 受欢迎	☐ 勤劳	☐ 完美主义者	☐ 和气
20. ☐ 跳跃型	☐ 无畏	☐ 规范型	☐ 平衡

缺点：

S	C	M	P
活泼型	力量型	完美型	和平型

21. ☐ 露骨　　☐ 专横　　☐ 忸怩　　☐ 乏味
22. ☐ 散漫　　☐ 无同情心　☐ 不宽恕　☐ 缺乏热情
23. ☐ 唠叨　　☐ 逆反　　☐ 怨恨　　☐ 保留
24. ☐ 健忘　　☐ 率直　　☐ 没耐性　☐ 胆小
25. ☐ 好插嘴　☐ 挑剔　　☐ 无安全感　☐ 优柔寡断
26. ☐ 难预测　☐ 缺同情心　☐ 不受欢迎　☐ 不参与
27. ☐ 即兴　　☐ 固执　　☐ 难于取悦　☐ 犹豫不决
28. ☐ 放任　　☐ 自负　　☐ 悲观　　☐ 平淡
29. ☐ 易怒　　☐ 好争吵　☐ 孤芳自赏　☐ 无目标
30. ☐ 天真　　☐ 鲁莽　　☐ 消极　　☐ 冷漠
31. ☐ 喜获认同　☐ 工作狂　☐ 不善交际　☐ 担忧
32. ☐ 喋喋不休　☐ 不圆滑老练　☐ 过分敏感　☐ 胆怯
33. ☐ 生活紊乱　☐ 跋扈　　☐ 抑郁　　☐ 腼腆
34. ☐ 缺乏毅力　☐ 不容忍　☐ 内向　　☐ 无异议
35. ☐ 杂乱无章　☐ 喜操纵　☐ 情绪化　☐ 喃喃自语
36. ☐ 好表现　☐ 顽固　　☐ 有戒心　☐ 缓慢
37. ☐ 大嗓门　☐ 统治欲　☐ 孤僻　　☐ 懒惰
38. ☐ 不专注　☐ 易怒　　☐ 多疑　　☐ 拖延
39. ☐ 烦躁　　☐ 轻率　　☐ 报复型　☐ 勉强
40. ☐ 善变　　☐ 狡猾　　☐ 好批评　☐ 妥协

把答案填入计分表，分别将 4 列中的每一列的分数加起来，然后再把优点、缺点两部分分数加起来，我们就可以知道自己的大概性格类型，同时也知道自己的组合类型。

4 种性格各自所具有的优点

	S	C	M	P
感情	性格活跃，爱说，爱讲故事，聚会中心人物；幽默、能抓住听众，感情外露，热情奔放；好奇，天才演员，天真无邪，喜欢送礼和接受礼物；情绪化，内心诚挚，永远长不大	天生领导人，干劲十足；酷，好变化，定要矫枉过正；意志坚强、果断，无感情，从不泄气；独立自主，自信	深沉，好分析、严肃认真，目的性强；聪明有创造力，有音乐与艺术潜力，懂哲学、会作诗，喜欢美丽；对他人敏感，自我牺牲，理想主义	慢半拍，松松垮垮，悠闲，平和；冷静、耐心，满足现状，安静；有智慧、有同情心，和蔼，情感内向
工作	志愿者，总有新主意；表面轰轰烈烈，有创造力，色彩丰富；全力以赴投入工作，说干就干，鼓励并带领他人一起工作	目标明确，眼光全面，组织力强；解决问题不过夜，行动迅速，果断，坚持到底，好制订计划激励他人；在反对中成长	计划性强，完美主义者，高品位，注意细节；固执，彻底，井井有条，整洁会算计，能发现问题，并解决问题，善始善终；喜欢制图、列清单	能胜任工作并持之以恒，平和可亲，有管理能力；中庸之道，逃避冲突；在压力下保持冷静，善找捷径
交友	易交朋友，爱别人，被称赞，被忌妒；不吝惜，善道歉、厌乏味，喜好自发活动	无须朋友，为团队工作，会领导，善组织；总能做对，善于处理紧急事项	交友谨慎，愿当绿叶，不愿出面；忠实可靠，善于听抱怨，帮人解决困难，深切关怀他人，易被感动；寻找理想伙伴	好相处，愉快待人，不伤人；最佳听众，爱挖苦人，爱观察人，多朋友，关心他人

4 种性格各自所具有的缺点

	S	C	M	P
感情	唠叨，夸大其词，小题大做；记不住名字，唯恐别人离开；过于兴奋，自我吹嘘，说大话，爱抱怨；天真，不成熟，大嗓门儿，情绪化，易生气，永远长不大	霸道，缺乏耐心，急脾气，不会放松，鲁莽，喜争辩；不放弃，穷追不舍，不会恭维；不喜欢眼泪，缺乏感情，无同情心	总记住负面的东西，情绪低落，喜欢被伤害的感觉；远离这个社会，自我贬低，爱听好话，以自我为中心；过分自我反省，自责，庸人自扰，忧郁症倾向	缺乏热情，害怕，担忧，没主意；不愿负责，固执，自私，有话不说，折中主义
工作	光说不干，忘记职责，不彻底，易失去信心；无组织纪律，杂乱无章，情感决定一切，爱走神儿	无法忍受出错，不分析细节，厌恶日常琐事；较粗鲁，过于直率，爱管人，支使他人，以工作为一切	不能忍受别人的工作干不好；干事犹豫，计划时间太长，愿分析而不愿干活；自我否定，难取悦，期望标准太高，需要别人赞同	目的性不强；缺乏自觉性，难以鼓动，厌强迫；懒惰，马虎，给别人泄气，宁愿在一边儿看着
交友	不愿独处，爱当主角儿，爱受欢迎；寻找信誉，控制谈话内容，好插嘴，不听他人的；健忘，多变，爱找借口，重复做事	利用他人，强迫别人，为别人做主；什么都知道，什么都能干好，过分独立；控制朋友与配偶，不会说"对不起"，有时是对的，但也不招人喜欢	没安全感，退缩，远离他人；爱批评人，感情内向，不喜欢被别人反对，怀疑别人；对立情绪，报复别人，不原谅，矛盾重重，一贯怀疑别人的话	缺乏热情，漠不关心，从不兴奋；爱评判他人、讽刺别人，不愿改变

荣格性格测试及分析

荣格将人的性格分为内向型和外向型两种最为基本的类型，了解自己的性格趋向将有利于完善自身，请你在回答下列问题时认真地加以完成，凭你的第一感觉选择最符合你实际情况的选项。

对下列问题，若认为符合你的情况就打"√"，若不符合打"×"，若难以判断打"△"：

1. 你很介意细节吗？

2. 你能立即下决心吗？

3. 你能慎重地花时间去做一些实际的事情吗？

4. 你能事后改变决心吗？

5. 与思考相比，你更喜欢行动吗？

6. 你忧郁吗？

7. 你能从失败中吸取教训吗？

8. 你无忧无虑吗？

9. 你寡言少语吗？

10. 你感情外露吗？

11. 你经常欢笑吗？

12. 你情绪经常起伏不定吗？

13. 你对待事物专心致志吗？

14. 你有忍耐心吗？

15. 你喜欢讲理和追根究底吗？

16. 你议论时易激动吗？

17. 你十分谨慎小心吗？

18. 你动作麻利吗？

19. 你的工作表详尽吗？

20. 你喜欢令人注目、抛头露面的工作吗？

21. 你对工作有热情吗？

22. 你总是异想天开吗？

23. 你清高吗？

24. 你对身边的物品漫不关心吗？

25. 你乱花钱吗？

26. 你喜欢发言吗？

27. 你挑剔吗？

28. 你爱开玩笑吗？

29. 你易被教唆吗？

30. 你固执倔强吗？

31. 你牢骚满腹吗？

32. 你很介意他人对自己的看法吗？

33. 你想得到他人的批评吗？

34. 你把自己的事情委托给别人吗？

35. 你不愿意被别人指挥、命令吗？

36. 你能管理好他人吗？

37. 你能虚心地听进别人的意见吗？

38. 你机灵吗？

39. 你隐瞒什么吗？

40. 你能立即同情他人吗？

41. 你过于相信他人吗？

42. 你难以忘记仇恨吗？

43. 你腼腆、害羞吗？

44. 你喜欢独处吗？

45. 你愿意花精力去交朋友吗？

46. 你在众人面前能平静地讲话吗？

47. 你经常避开众人的焦点吗？

48. 你能轻松愉快地与意见不同的人交往吗？

49. 你好帮助别人吗？

50. 你毫无吝惜地把东西送给他人吗？

	对照栏	转记栏	V 标记		对照栏	转记栏	V 标记
1	×			26	√		
2	√			27	×		
3	×			28	√		
4	√			29	√		
5	√			30	×		
6	×			31	×		
7	×			32	×		
8	√			33	×		
9	×			34	√		
10	√			35	×		
11	√			36	√		
12	√			37	√		
13	×			38	√		
14	×			39	×		
15	×			40	√		
16	×			41	√		
17	×			42	×		
18	√			43	×		
19	×			44	×		
20	√			45	×		
21	√			46	√		
22	×			47	×		
23	×			48	√		
24	√			49	√		
25	√			50	√		

每个问题画好√、×或△之后，填入上面表格的"转记栏"中，然后与"对照栏"中的√或×对照。在"V标记"栏中把仅与"对照栏"中的√或×相同的画上"○"标记。

合计"○"的数量，然后，再合计"△"的数量，用2除。把前面的合计数和后面的合计数相加除以25，再乘以100，就得出你的向性指数。

$$向性指数 = \frac{○的合计数 + \frac{1}{2}△的合计数}{25} \times 100$$

判定的方法：

向性指数最高是200，最低是0。判定结果大于100，数字越大越外向；小于100，数字越小越内向。161以上是"强外向性"，59以下是"强内向性"，110到90之间，既不能说是外向性，也不能说是内向性，可以称之为"两向性"的中间性。

1. 内向思维型性格测验

请回答下列问题，如果有12个或12个以上问题的答案为"是"，那么你的性格就属于内向思维型。

① 你可以花很长时间去探究表明自己的内心。

② 你擅长检查细节。

③ 你喜欢讨价还价。

④ 你花钱时小心翼翼。

⑤ 你把每日工作计划好。

⑥ 你喜欢阅读或思考任何可以引发你兴趣的东西。

⑦ 你期望参与重大决策。

⑧ 有时你可以长时间地阅读，玩智力游戏，或思考、探索生命的本质。

⑨ 小心谨慎地完成一件事，是件有成就感的事。

⑩ 你是一个很准时的人。

⑪ 喜欢能刺激你思考的对话。

⑫ 你认为学习是为了满足内心的需求。

⑬ 你十分注重工作中的细节。

⑭ 你习惯于遵守规定。

⑮ 你喜欢使你思考、给你新观念的书。

内向思维型性格分析：

性格属于这种类型的人，他们希望理解的是个人的存在。他们部分陷入自我和个人的世界，在极端的情况下，会脱离现实甚而沦为精神病患者。为随时保护自己，他们往往显现得冷漠无情。因为他们并不重视他人，他们渴望离群索居。他们并不在乎自己的思想是否为别人所接受，尽管他们的思想可能被极少数的一部人接受。他们容易变得顽固执拗、刚愎自用、不善于体谅他人，容易变得骄傲自大、敏感易怒、拒人于千里之外。

2. 内向直觉型性格测验

请回答下列问题，如果有 7 个或 7 个以上问题的答案为"是"，那么你的性格就属于内向直觉型。

① 喜欢去说服别人。

② 喜欢探求所有事实后再有逻辑性地作决定。

③ 善于聆听别人的倾诉。

④ 你会不断地思索一个问题，直到找出答案为止。

⑤ 你认为教育是个发展及终身学习的过程。

⑥ 你不喜欢为重大决策负责。

⑦ 能影响别人使你感到兴奋。

⑧ 朋友经常向你询问解决问题的方法。

⑨ 你必须彻底地了解事情的真相。

内向直觉型性格分析：

性格属于这种类型的人中最典型的代表是艺术家，但也包括梦想家和幻想家。和外向直觉型的人一样，他们也始终在寻找着新的可能性。但他们的全部努力却从来也没有超出过直觉范围，而使自己得到进一步的发展。由于他们的兴趣不能始终停留在一点上，因此他们总是在不同的兴趣点之间跳来跳去。但不管怎样，他们却拥有可供别人思考、整理并加以发展的直觉。

3. 内向情感型性格测验

请回答下列问题，如果有8个或8个以上问题的答案为"是"，那么你的性格就属于内向情感型。

① 你用运动来增强你的体质。

② 在自己力所能及的范围内尽力去帮助别人。

③ 关注社会上那些需要帮助的人。

④ 你热衷于帮助别人发挥天赋和才能。

⑤ 你喜欢帮助别人找出可以关注其他人的方法。

⑥ 你喜欢户外运动。

⑦ 你经常关心孤独、不友善的人。

⑧ 你常起草一个计划，而由别人完成细节。

⑨ 你对别人的情绪低潮相当敏感。

⑩ 你愿意花时间帮别人解决问题。

⑪ 强壮而敏捷的身体对你很重要。

内向情感型性格分析：

属于这种类型的人多见于女性。她们不像外向情感型的人那样将自己的感情外露，而是把它深藏在内心。她们往往沉默寡言、难以捉摸、态度既随和又冷淡，但也给人内心和谐、恬淡宁静、怡然自足的感觉。事实上，她们内心也有某种强烈的情感，这种情感有时会出乎亲人朋友的意料而爆发一场情感风暴。

4. 内向感觉型性格测验

请回答下列问题，如果有5个或5个以上问题的答案为"是"，那么你的性格就属于内向感觉型。

① 你希望能做些与众不同的事。

② 你有丰富的想象力。

③ 你希望自己的工作能够抒发你的情绪和感觉。

④ 当你从事创造性活动时，你会忘掉一切旧经验。

⑤ 你喜欢利用一切机会来发挥你的创造力。

⑥ 你期望能看到艺术表演、戏剧及好电影。

⑦ 你的心情受音乐、色彩、写作和美丽事物的影响极大。

内向感觉型性格分析：

性格属于这种类型的人，他们远离现实世界而沉浸在自己的主观感觉之中。与自己的内心世界相比，他们觉得外部世界是平淡寡味、了无生趣的。除了艺术之外，没有别的办法来表现自己，然而他们创作的作品又往往缺乏任何意义。而事实上，他们是思想和感情两方面都很贫乏的人。

5. 外向思维型性格测验

请回答下列问题，如果有12个或12个以上问题的答案为"是"，那么你的性格就属于外向思维型。

① 你能自如地应付紧急事件。

② 你喜欢监督事情直至完工。

③ 你不怕失败，会回头再来。

④ 当你答应做一件事时，你会竭尽所能地监督所有细节。

⑤ 如果你和别人产生矛盾，你会不断地尝试化干戈为玉帛。

⑥ 升迁和进步对你是极重要的。

⑦ 你在解决问题前，必须把问题分析彻底。

⑧ 你喜欢独立完成一项任务。

⑨ 你喜欢使用双手做事。

⑩ 你认为要想成功，就必须定高目标。

⑪ 你渴望迈出众人之列，成为同行中的佼佼者。

⑫ 如果你来到一个陌生的环境，你会做好充分的思想准备。

⑬ 你在开始一个计划前会花很多时间去计划。

⑭ 你自信会成功，而且一定成功。

外向思维型性格分析：

性格属于这种类型的人，他们的客观思维上升为支配其生命的激情。典型的例子就是科学家。这些科学家为了尽可能多地认识客观世界,奉献了自己毕生的精力。他们的目标是理解自然现象,发现自然规律,创立理论体系。达尔文和爱因斯坦在外向思维方向上获得了最充分的发展。这种类型的人常倾向于压抑自己天性中情感的一面,因而在别人眼中,他们可能显得缺少鲜明的个性,甚至显得冷漠和傲慢。如果这种压抑过于严重,情感就会被迫采取迂回曲折甚至变态的方式来影响他们的性格。他们很可能变得专制、固执、自负、迷信,不接受任何批评。

6. 外向直觉型性格测验

请回答下列问题,如果有 6 个或 6 个以上问题的答案为"是",那么你的性格就属于外向直觉型。

① 面对繁重的工作,你能抓住重点。

② 你喜欢直言不讳,不喜欢转弯抹角。

③ 你崇尚好问精神。

④ 你不在乎工作时把手弄脏,只要能完成工作。

⑤ 你喜欢竞争。

⑥ 你经常借着和别人的交谈来解决自己的问题。

⑦ 你愿意与人分享你的忧愁和痛苦。

⑧ 你具有冒险精神,喜欢接受各种各样的挑战。

外向直觉型性格分析:

性格属于这种类型的人多为女性。她们从一种心境跳跃到另一种心境,借以从现实世界中发现新的可能性。由于缺乏思维能力,她们常在没有解决一个问题前就又渴望解决另一个问题。她们忍受不了日常事物的繁琐,她们赖以生存的营养是那些新奇的东西。她们容易把自己的生命虚掷在一连串的直觉上,最终却一事无成。她们有许多的兴趣爱好,但很快就会厌倦并放弃这些爱好。她们通常很难固定地从事某一种工作。

7. 外向情感型性格测验

请回答下列问题,如果有 10 个或 10 个以上问题的答案为"是",那么你的性格就属于外向情感型。

① 你愿意冒一点危险以求进步。

② 你对别人的困难乐于伸出援助之手。

③ 你一般能体会到某人想要和他人交流的欲望。

④ 你喜欢尝试新事物。

⑤ 你喜欢周围环境简单而实际。

⑥ 你希望能学习所有使你感兴趣的科目。

⑦ 亲密的人际关系对你很重要。

⑧ 你常能借着资讯网络和别人取得联系。

⑨ 你喜欢美丽、不平凡的事物。

⑩ 你选车时，最先注意的是好的引擎。

⑪ 你希望粗重的肢体工作不会伤害任何人。

⑫ 你认为和他人的关系丰富了你的生命并使它有意义。

外向情感型性格分析：

性格属于这种类型的人也多为女性。由于她们的情绪随外界的变化而变化，所以往往显得反复无常。外界的任何一点刺激都可能导致她们情绪的变化。由于思维功能受到过分的压抑，因此，外向情感型性格的人的思维能力都是极低的。

8. 外向感觉型性格测验

请回答下列问题，如果有12个或12个以上问题的答案为"是"，那么你的性格就属于外向感觉型。

① 阅读新书是件令人兴奋的事。

② 你喜欢把东西拆开并修理它们。

③ 你不喜欢穿比较庄重的服装，而喜欢尝试新颜色和新款式。

④ 你喜欢购买小零件做成成品。

⑤ 你经常对大自然的奥秘保持好奇心。

⑥ 你经常保持整洁，喜欢有条不紊。

⑦ 你喜欢重新布置你的环境，使它与众不同。

⑧ 你做事时必须有清楚的指引。

⑨ 没有美丽事物的生活，对你而言是件很可怕的事。

⑩ 你不愿受传统思想的束缚，而喜欢用新奇的办法解决问题。

⑪ 你觉得大自然的美深深地触动你的灵魂。

⑫ 你需要确切地知道别人对你的要求是什么。

⑬ 你擅长于自己制作、修理东西。

⑭ 你重视美丽的环境，喜欢把自己弄得很整洁。

外向感觉型性格分析：

性格属于这种类型的人，多见于男性，他们热衷于积累与现实世界有关的经验。他们是现实主义者、实用主义者，头脑清醒，但并不对事物过分地追根究底。他们按生活的本来面貌生活，并不将生活强打上自己思想的烙印。但他们也可以是耽于享乐的、追求刺激的。他们的情感一般是浅薄的，全部生活仅仅是为了从生活中获得一切能够获得的感觉。他们是典型的极端者，或者成为粗陋的纵欲主义者，或者成为浮夸的唯美主义者。

第三章

性格决定人生

在我们的现实生活中，人与人之间存在着巨大的差异：有的人能历尽艰难最终成就一番事业，而有的人则半途而废；有的人喜欢刺激的攀岩，而有的人则喜欢安全的慢跑；有的人向往轰轰烈烈的爱情，而有的人则追求平实的婚姻；有的人选择浪漫，而有的人则选择稳定。在人的一生中，除了机遇和才华，我们回头看看就会发现，其实，一直在左右我们人生的，正是我们的性格。

怎样的性格决定怎样的命运

约翰·梅杰被称为英国的"平民首相"。这位笔锋犀利的政治家是白手起家的一个典型。他是一位杂技师的儿子，16岁时就离开了学校。他曾因算术不及格未能当上公共汽车售票员，饱尝了失业之苦。但这并没有击倒年轻的梅杰，这位信心十足、具有坚强毅力的小伙子终于靠自己的努力战胜了困境。经过外交大臣、财政大臣等8个政府职务的锻炼，他终于当上了首相，登上了英国的权力之巅。有趣的是，他也是英国唯一领取过失业救济金的首相。

正是约翰·梅杰这种不屈不挠、自信坚强的性格让他凭着自己的努力，从一个领救济金的人最终成为英国的首相。

在我们的生活中还有一个活生生的例子，那就是感动过无数人的张海迪，她之所以能感动无数人，不仅仅因为她的成就，更因为她同时还是一个残疾人。

多年以来，曾动过3次大手术，摘除了6块椎板，严重高位截瘫，自第二胸椎以下全部失去知觉的张海迪，以保尔·柯察金的英雄形象鼓舞自己，凭惊人的毅力忍受着常人难以想象的痛苦，同病残顽强的做斗争，同时勤奋地学习，忘我地工作。她自修了小学、中学的主要课程，自学了英语、日语、德语等多种语言，翻译了近20万字的外文著作和资料。她还自学了针灸，并阅读了大量的医学专著，免费为病人诊断疾病。1992年她获中国作家协会庄重文学奖，1994年获全国奋发文明进步图书奖长篇小说一等奖，1993年张海迪获吉林大学哲学硕士学位。

对于一个残疾人来说，能取得比很多正常人更大的成就，她靠的就是性格带给她的力量。

好的性格能让人不管是在顺境还是在逆境中都能积极面对，并且不懈地努力，并最终取得成功。那么，相反，不良的性格往往会在关键时刻毁掉一个人的一生，进而造成悲剧性的结局。

韩信虽为一代名将，其性格却优柔怯懦。胯下之辱虽说明了他的忍，同时也说明了他的怯懦，倘若不是如此，他就不会惧怕刘邦，而会果断地反刘自立。

韩信其实不能忍，漂母的几句话，他就容忍不下，羞惭得无地自容，倘若能忍，何至于此。正因如此，开国之后，刘邦对他一贬再贬，他便忍耐不住了。倘若他真能忍住，断不会招来杀身之祸。

韩信不敢反，又不愿忍，从而形成了他优柔寡断的性格，他在优柔寡断中失去了一次又一次的机会。

也许，对于优柔性格的韩信来说，最理想的行为方式就是让别人先反，自己在一旁优柔地观看，败则与己无关，胜则乘势而起。韩信确实这样做了，他让陈豨起兵，自己则优柔观望。然而，刘邦和吕后却不优柔，他们快刀斩乱麻地处决了韩信。

韩信在优柔中被杀，其实他并没有真反，而只是在犹豫，他是被硬拉上刑场的，我们不知是否直到临死一刻，他才真正不再优柔。

在历史上，因性格上的缺陷而毁掉大好前程的又何止韩信一人呢？中国历史上第一位集大学者、大权谋家、大政治家于一身的李斯，作为秦国丞相曾经大红大紫、权倾一时，但最终他被腰斩于咸阳街头，全家老少都被杀害。李斯的一生是秦国政治的真实写照，也是他自身个性特征的体现和结果。

李斯出生于战国末年，是楚国上蔡人。少年时家境贫寒，年轻时曾经做过掌管文书的小官。

有一天，李斯上厕所，看到老鼠偷粪吃，老鼠又小又瘦，见人来就惊慌逃窜。过了不久，李斯又在国家的粮仓里看到老鼠在偷米吃，这些老鼠又肥又大，看见人来，不但不逃避，反而瞪着眼很神气的样子。李斯觉得很奇怪，仔细一想，他悟出一个道理：又瘦又小见人就逃的老鼠，是无所凭借；而又肥又大见人不逃避的米仓老鼠是有所凭借而已。

为了能做官仓里的老鼠，求得荣华富贵，李斯辞去了小吏的职务，前往齐国，去拜当时著名的儒家学者荀子为师。李斯十分勤奋，同荀子一起研究"帝王之术"，即怎样治理国家、怎样当官的学问。学成之后，他便辞别荀子，到秦国去了。由于李斯才华横溢，并且提出了许多治理国家的好建议，很快得到了秦始皇的重用。

韩非是李斯的同学，他们同在荀子门下求学。韩非著作极丰，秦王感叹道："我若能见到此人，和他交游，死而无憾。"

后来韩国在国势危急之际，起用韩非，让他出使秦国。李斯知道韩非的才能在自己之上，出于嫉妒，他对秦王说："韩非是韩王的亲族，爱韩不爱秦，这是人之常理。"

秦王说："既然不能用，那就放走吧！"

李斯却希望赶尽杀绝，他对秦王说："如果放他回韩国，他定会为韩王出谋划策，对秦国十分不利，不如在他羽翼未满之时将他杀掉。"

　　秦王听信了李斯的话，赐给韩非毒药，令他自尽，就这样，李斯除掉了他的对手。

　　而后，秦王统一了中国，李斯也升为丞相，职位越来越高，权势也越来越大。

　　公元前210年，秦始皇病逝，以赵高为首的旧贵族意欲立胡亥为帝。而要立胡亥为帝，就必须通过李斯，李斯身为丞相，掌握着最高权力，没有李斯的同意，胡亥是当不了皇帝的。当时，朝廷内部李斯是唯一可以揭露赵高、粉碎其篡位阴谋的人。但是，由于李斯软弱、妥协，更是因为他希望保住他的荣华富贵，他没有这样做。

　　为了让胡亥上台，赵高抓住李斯的弱点，用高官厚禄去引诱李斯，而李斯过于贪恋"富贵极矣"的社会地位，总想保全已经到手的既得利益，所以面对赵高的威胁和引诱，他听信了赵高，对赵高的阴谋未进行及时的揭露和制止。

　　胡亥继位以后，赵高便开始陷害李斯，最后忍无可忍的李斯到秦二世面前揭露赵高的罪行，但秦二世非常信任赵高，并告诉了赵高。赵高进一步诋毁李斯："李斯最嫉恨的就是我，我一死，他就可以谋反了。"秦二世听后，立即把李斯逮捕入狱，并派赵高负责审讯。

　　李斯被套上了刑具，关进了监狱，并受严刑拷打、百般折磨，他忍受不了痛苦，只好供认了"谋反"的"罪行"。经过10余次的审讯，李斯被打得死去活来。后来，李斯被判处死刑。

　　李斯的悲剧结局固然与当时的局势有关，但与他的个性更是不无关联。他的老鼠哲学注定他是一个贪婪的人。为了自己的荣华富贵，他可以除掉他的同学韩非，甚至不惜帮助胡亥篡位，最终走入了赵高的陷阱，落得身首异处的可悲下场。一切的结局可谓是咎由自取，怪不了别人。

性格与职业

在这个世界上，成功人士似乎永远都只是少数，而大部分的人都是向往成功的，但很多人在他们的职业生涯中却不得不承受职业给他们带来的各种各样的痛苦，在郁郁不得志中过一生。适合当老师的却在商海煎熬，天生的商人反而坐在机关的长椅上，本该驰骋疆场的人却成了公司的小职员……世界上有许多人正在从事着与自己的性格格格不入的工作。尽管他们勤勤恳恳、任劳任怨；尽管他们不畏艰险、百折不挠。但是，平庸就像挥之不去的梦魇一样，依然伴随其左右，他们的脚步仍然无法迈向成功的大道。

因为他们走的是一条南辕北辙的路，他们越是在这条路上努力，成功离他们也就越遥远。他们背离了自己的天性，背离了自己的使命和归宿。

每一个来到这个世界的人，上苍在赋予他使命和归宿的同时，也赋予了他相应的性格，顺着自己的性格，你就能寻觅到真正属于自己的成功之路。相反，抛弃了上苍馈赠的人，他们注定会平庸，注定会因碌碌无为而抱憾终身。

上苍对每一个人都寄予了厚望，它给了别人那样的天性，就一定会给你这样的天性；它让别人在这条路上成功，就一定会让你从另一条路走向成功。上苍赋予人不同的性格，就是让人去完成不同的使命，这就是天命。而只有懂得了天命的人，才能喜欢并接受自己的性格，也才能创造自己独一无二的人生。

每个人都有自己的性格，每种性格都有其擅长的职业。有的人擅长这一行，有的人擅长那一行，还有的人整天游来荡去，他们所擅长的就是无所事事。无论是哪一种性格，你都应该接受它，并按照这一性格去寻找适合的职业。职业只有顺应了自己的天性才能肩负起上苍所赋予的使命，才能开启通往成功的大门。要知道，每一种性格的人都能成功，关键就在于人是否选对职业，找准位置。有些人之所以总是失败，之所以不能成功，只因为其违背了自己的性格，违背了上帝赋予其的天性，如果我们了解了美国著名作家马克·吐温的经历，我们就会更明白这一点。

大文豪马克·吐温可谓家喻户晓。他就曾经因为没有按照自己的性格和天赋去做事，结果一败涂地。马克·吐温曾十分热衷于经商，但上帝并没有给他适合经商的性格和天赋。尽管他勤勤恳恳、兢兢业业，他还是失败了，一次就赔进了十几万美元。但马克·吐温并未因此而收手，他不服输，他还要在经商的道路上走下去。这一次，他总结了上一次的教训，他要做自己最熟悉的领域——出版。结果，他再一次失败了，几乎赔进了自己全部的家底。

当马克·吐温垂头丧气地回到家里，将一切都告诉了妻子，妻子平静地对他说道："别灰心！我一直相信你的性格适合文学创作，而不是经商。"马克·吐温最终听从了妻子的建议，开始进行文学创作，结果，他成为了一名伟大的文学家。

由此可见，一个人的性格对其职业的选择和发展有着极其重大的影响。如果我们想找对职业而获得成功。那么，我们首先应该了解和尊重我们的性格。这正如一篇文学作品中写道的：

动物明白自己的特性：

熊不会试着飞翔，

驽马在跳过高高的栅栏时会犹豫，

狗看到又深又宽的沟渠时会转身离去。

但是，人是唯一一种不知趣的动物，

受到愚蠢与自负天性的左右，

对着力不能及的事情大声地嘶吼——坚持下去！

出于盲目和顽固，

他荒唐地执迷于自己最不擅长的事情，

使自己历尽艰辛，然而收获甚微。

性格与婚姻

有社会学家曾给恋爱下了这样一个定义："由于某个异性的个性令人满意，因此觉得他（她）可亲又可爱，并对他（她）抱有好感，而对其他人则采取排斥的态度，并对所爱采取独占的态度。也就是说，意欲独自占有对方，并希望为对方所接受，从而与之结合。"

外貌也好，衣着打扮也好，说话时的表情和措辞也好，脾气也好，观点也好，对于对方的一切都感到满意，就成了恋爱的出发点。这种满意，是你心目中所喜欢的异性形象和实际接触到的异性的一切相互作用后所产生的结果，即在性格和智力的基础上。

因此，也许可以这么说，喜欢对方，完全是喜欢对方性格中的下述因素：其性格中的某些因素正好是你的性格中所缺少的，其性格能和你的性格形成互补，并不断地帮你改进和提高。

然而，夫妻虽然是恋爱基础上的产物，可是结婚和恋爱不同，婚后，双方进一步加深了了解，双方的优点和缺点都暴露了出来，藏也藏不住。因此往往会产生这样一个问题："他（她）怎么是这样一个人啊？"

因此，夫妻俩婚后生活幸福与否，是由丈夫和妻子所具备包括性格在内的种种条件决定的，也是由双方能否很好地适应对方的性格、满足对方的要求决定的。

世上没有完全相同的两个人。人的相貌、内在性格、气质各不相同，即使是一对孪生姐妹，也可以找到内在性格、气质等方面的差别，更不要说在不同环境下成长、有着不同经历的夫妻了。夫妻之间性格不同甚至迥异，就像两种各自生长在不同的土壤里的植物一样，感情将两株不一样的植物收到一块土壤上，想必会有互补和冲突。

因而，夫妻在兴趣、志向等方面比较一致，会使两个人共同的话题多一些，不会觉得无话可说，会增进彼此的感情。但如果在气质、脾气上不一致，可能会因为一点小事而发生不愉快的事情。

夫妻组合，最好的是夫妻两个人在个性上互为补充，在志向上又彼此相近，才能够彼此适应，做到相互谅解，自觉协调夫妻关系。

夫妻在个性上互为补充，能避免很多矛盾的产生，有时候还可以避免灾难。

个性互补有利于夫妻生活更加和谐融洽，对婚姻生活也是有很多好处的。夫妻两个人如果做到在各个方面都互为补充，显然是有些不太现实的，但只做到大体一致、互相协调，是很有可能的。为了让今后的婚姻生活更幸福、美满，夫妻双方不妨在个性互补上多下一点工夫。

夫妻在性格方面的差异，往往成为夫妻关系冲突的一个重要原因，处理不好容易引起夫妻矛盾。据西方古老的神话传说，一开始上帝耶和华用火造了一个美女，与亚当配为夫妻。但亚当是用泥土造的，两人气味不合，秉性不投，在一起生活一段时间矛盾甚多，无法继续共同生活下去。上帝见亚当终日愁眉不展，就决定再为他造一个合适的女伴。这次，耶和华抽取亚当身上的一根肋骨造出了夏娃，这个"骨肉相附"的女人就成了亚当最忠实的生活伴侣。这个古老的神话传说告诉人们一个值得注意的问题，如果夫妻趣味、性格方面差距太大，势必会影响夫妻关系的稳定。生活中，离婚的理由多种多样，但以性格不合为由的占有相当大的比重。

怎样才能避免和解决夫妻由于性格上的差异引起的矛盾呢？

1. 双方都要试图去改变自己的性格

大量科学研究表明，人的性格并不是先天注定的，主要是在后天的环境中、教育影响下和实践活动中形成和逐步强化的。因此，性格迥异的夫妻不必过多地烦恼和担心，应对彼此的性格适应与协调充满信心，以一种良好的心境去改变自己、影响对方，力争性格的相近。

2. 理解和尊重对方的性格

俗话说:"江山易改,禀性难移。"人的个性一经形成,就有它的相对稳定性。夫妻双方都应对此有清楚的认识,并对对方的性格表示理解,注意尊重对方的个性。要在相互尊重的前提下努力创造一种平和的家庭和心理环境,促使爱人改掉不好的个性。要正确认识和评价对方的性格,不要一味地横加指责,尊重对方的性格。要做到性格上的相互尊重,必须做到承认对方的个性风格,主动适应对方的个性风格,要能够宽容,不要吹毛求疵。

3. 双方都要对自己的性格扬长避短

没有人的性格是完美的,这也就是说,任何人的性格都有长处和短处,既然如此,那么对自己的性格应一分为二,长处就发扬,短处则努力克服。避短的方法是发现对方之长,善于发现配偶性格中的长处,并吸收过来补充和完善自己。扬长避短的第二层意思是在家务安排上,凡是需要讲求时间短的,不妨由性子比较急的去做;凡是质量要求高的,就让慢性子的去做,这就发扬了各自性格之"长"。

性格与健康

完美的健康,应该是身体与心理的双重健康,因此,健康与性格有着千丝万缕的关系。情绪的时涨时落原本是正常现象,愉快、喜悦给人以正面的刺激,有益于健康;而苦恼、消极会给人以负面影响,诱发各种疾病,甚至使原有的病情加重。如何调控好喜怒哀乐,让内在力量"性格"有利于我们的健康,便成了值得深究和学习的课题。

研究资料表明,各种精神疾病,特别是神经官能症,往往都有相应的特殊性格特征为其发病基础。例如强迫性神经症,其相应的特殊性格特征称为强迫性性格,其具体表现是谨小慎微、求全责备、自我克制、优柔寡断、墨守成规、拘谨呆板、敏感多疑、心胸狭窄、事后易后悔、责任心过重和苛求自己等。又如，与癔病相联系的特殊性格特征是富于暗示性、情绪多变、容易激动、耽于幻想、以自我为中心和爱自我表现等。有人以癔病为例，对精神刺激因素和特殊性格特征这两种因素在造成心理障碍过程中所起作用的相互关系，用一个长方形来表示。长方形中的一条对角线将其分为两个三角形，上方的三角形表示精神刺激因素，下方的三角形表示特殊人格特征。如果与癔病相联系的性格特征越明显，则只要有较轻微的精神刺激因素即可致病；相反，与癔病相联系的特殊性格特征越不明显，则需要有较强烈的精神刺激因素的作用才能致病。此外，精神分裂症被认为是与孤僻离群、多疑敏感、情感内向、胆小怯懦、较爱幻想等特殊性格特征密切相关。

有些人平时特别容易激动，生活中一遇到困难或稍有不如意的事情，就整天焦虑、紧张，还有恐惧感，这种性格的人很容易得高血压病。

有的人生来乐观，而有的人却容易悲观失望，抑郁性格的人遇到一点不顺心的事就容易情绪消沉，对工作、活动丧失兴趣和愉快感，忧心忡忡，有时还有自杀念头，很容易得抑郁症。

性格与健康之间应该是互动的关系，我们常说的身心平衡就是这个意思。一个人心情好了，健康状况就会好；人的身体健康了，心情也就自然会舒畅。

坚强的意志和毅力能增强人体的免疫力。而免疫力又受到神经系统和内分泌系统的调节和支配。神经系统是由中枢神经（大脑）和周围神经组成。由这两个系统通过神经纤维与激素来调节和支配免疫系统，而免疫系统同样对神经、内分泌系统有调节作用，相互调控使机体与外界保持动态平衡、维护身体健康。一旦某个环节发生故障，自身调节障碍，都可能对其他系统的功能产生影响而致病。

比如，妇女因精神情绪紊乱、生活不规律可导致月经失调，在哺乳期可导致泌乳停止。美国抗癌协会曾有统计资料说明，约有 10%的癌症病人可以自愈，这说明坚强的意志和毅力能激发体内产生"脑啡肽"样物质，增强机体免疫力，在体内产生很强的抗癌力甚至自愈力。

乐观、知足、友善的个性和恬淡、平和的心态，能刺激人体释放大量有益于健康的激素。大脑可以合成 50 余种有益物质，提高自身免疫功能，其功能状况往往决定人对疾病的易感性和抵抗力。乐观、知足、友善的个性和恬淡、平和的心态能刺激机体释放大量有益于健康的激素、酶，促进新陈代谢。

恐慌、自我封闭、敏感多疑、多愁善感，或过于争强好胜，或过分追求完美，都容易造成内心冲突激烈、人际关系紧张，这种状况会抑制和打击免疫监视功能，诱发或加重疾病。

俗话说："人非草木，孰能无情。"在我们生活的大千世界中，每个人都要面对许多人和事的变化，都要受到各种各样的刺激和影响。针对某一事物，不同的性格会表现出不同的情绪反应。情绪反应不仅要通过心理状态而且要通过生理状态的广泛波动实现。中医把人的情绪归纳为七情：喜、怒、忧、思、悲、恐、惊。当这些精神刺激因素超过人的承受限度，或长期反复刺激，便会引起中枢神经系统的失控，导致内脏功能紊乱，从而引发疾病，甚至会使脏器发生器质性病变。

人的心态，尤其是情感和情绪是生命的指挥仪和导向仪。在一切对人不利的影响中，最使人颓丧、患病和短命夭亡的就是不良情绪和恶劣心境。相反，心理平衡、笑对人生，特别有利于身心健康。所以有人说："自信而愉快是大半个生命；自卑和烦恼是大半个死亡。"愉快的情感会使健康人不容易患病，而使患病者乃至危重病人也能得以康复，创造奇迹。

因此我们说性格是生命的指挥仪和导向仪。保持良好的性格是促进健康的重要因素，是保证健康的重要秘诀。

性格与人际关系

拥有丰富多彩的人际关系是每一个现代人的需要。可是，现实生活中，很多人的这种需要都没有得到满足。他们总是慨叹世界上缺少真情，缺少帮助，缺少爱，那种强烈的孤独感困扰着他们，折磨着他们。其实，很多人之所以缺少朋友，仅仅是因为他们在人际交往中总是采取消极的、被动的退缩方式，总是期待友谊从天而降。这样，虽然他们生活在一个人来人往的社会场所，却仍然无法摆脱心灵上的孤寂。这些人只做交往的响应者，不做交往的始动者。

要知道，别人是没有理由无缘无故对我们感兴趣的。因此，如果想赢得别人的友情，与别人建立良好的人际关系，摆脱孤独的折磨，就必须主动交往。而主动交往的第一步便是对建立良好的人际关系抱有较好的态度，这样才能迈开人际交往的第一步。但遗憾的是，很多人就是在这一点上出了问题。出于很多种的原因，他们总是对人际交往采取一种十分消极的态度，有排斥、恐惧、厌烦，进而远离人群，将自己封闭在自己的世界里。

心理学家研究发现，有两点原因影响人们不能主动交往，而采取被动退缩的交往方式：

一方面是怕自己的主动交往不会引起别人的积极响应，从而使自己陷入窘迫、尴尬的境地，进而伤及自己脆弱的自尊心。而实际上，在现实生活中，每一个人都有交往的需要，因此，我们主动而别人不采取响应的情况是极其少见的。

试想，如果别人主动跟你打招呼，你会采取拒绝的态度吗？比如，生活中会有这样一种非常有趣的现象：在硬座火车上，一个隔间里面坐有6个人，如果这6个人里面至少有一个是主动交往的人，那么他们总会谈得热火朝天，一路上充满欢声笑语；如果这6个人没有一个人主动和别人交往，那么，从起点坐到终点，他们会始终处在无聊的气氛中，看书也没劲，对望又很尴尬，所以干脆闭上眼睛养神。与其尴尬地面面相觑，还不如主动打招呼，换得一路不寂寞，不是很好吗？当你尝试着主动和别人打招呼、攀谈时，你会发现，人际交往是如此容易。

另一方面，人们心里对主动交往有很多误解。比如，有的人会认为"先同别人打招呼，显得自己低贱""我这样麻烦别人，人家肯定会烦的""我又没有和他打过交道，他怎么会帮我的忙呢？"。其实，这些都是误解。

当你因为某种担心而不敢主动同别人交往时，最好去实践一下，用事实去证明你的担心是多余的。不断地尝试会积累你成功的经验，增强你的自信心，使你在工作中的人际关系状况越来越好。

其实，社交对一个人建立良好的人际关系是非常重要的第一步，因此，克服社交的消极心理是极为重要的。那么，克服社交的消极心理、建立和谐的人际关系就从现在开始吧！

1. 列出一张人名表

表上记载着同你所希望接触的社会领域有联系的人。在需要的时候去挑选能够助你一臂之力的人。

2. 把自己同别人联系起来

为了建立关系网，你应该善于把自己同别人联系起来。你可以通过公司的同行或者是合作伙伴，建立更广的人际圈。

3. 让更多的人了解你

不论你想向哪一个方面发展，最重要的是使决定你命运的人了解你。如果你从早到晚只是埋头待在办公室，那么你根本无法实现你的目标。

4. 显得更忙碌些

今后你不论到哪里都带上点东西，文件、表格、书等，让其他人都注意到你的忙碌。因为这足以表现出你的抱负和进取心，更容易获得他人的信任和帮助。

5. 把自己同组织、团体联系起来

也许，你现在的工作不是你非要干一生的岗位，今后你还会有更理想、更适合自己的岗位。因此你应该把自己同本行业或者相关行业的组织联系起来，树立自己在其中的人缘。今后你准备换工作的时候将大有益处。

其实，与人打交道、进行人际交往是件很简单的事，并没有我们想象中的那样可怕。只要我们敢于打开心扉，用一种积极的心态去主动地与别人建立良好的人际关系，就一定能够在短时间内建立起良好的人际关系。

不要再犹豫了，也不要再被内心消极的社交态度所左右了，从现在开始，彻底改变和摆脱内心的消极态度，以积极的态度开始你的人际关系吧！

命运掌握在自己手里

有一天，苏东坡和佛印两个人在杭州同游，两人信步走到了天竺寺，苏东坡看到寺内的观音菩萨塑像手里拿着念珠，就问佛印说："观音菩萨既然是佛，为什么还拿念珠，这到底是什么意思？"

佛印说："拿念珠也不过是为了念佛号。"

东坡又问："念什么佛号呢？"

佛印说："也只是念观世音菩萨的佛号。"

东坡又问："她自己是观音，为什么要念自己的佛号呢？"

佛印回答道："那是因为求人不如求己呀！"

佛印的一句"求人不如求己"道出了命运的天机。很多时候，我们总是希望天上会掉馅饼，总是希望人生能有一个依靠，其实，很多人都不明白，生命线就在自己的手心里，人生的一切都掌握在自己的手里。只有你可以替你自己选择和决定你的人生，不要总是期待不劳而获地拥有，因此，须主动找寻出自己最合适的位置与角色，不要苦等别人的安排；既然决定了，就

不再三心二意，冷静发挥百分之百的力量，终究能引出别人百分之百的回应。

我们想要的人生真的就掌握在我们手中，就看我们如何去经营。

每个人都是一座金矿，每个人都有无比巨大的潜能，而挖掘者就是自己。人生的命运就掌握在自己的手中，人生成功与否由自己决定。如果明白了这个道理，我们就不会怨天尤人、牢骚满腹或愤愤不平，就不会受自卑困扰、懒得行动而坐以待毙。下定决心，奋斗，拼搏，勇往直前，成功就属于自己。

有这么一个人，他就是坚信命运掌握在自己手中，从而不断地努力，并最终把握住了自己的命运并改变了自己的命运：

8 岁时，由于家庭原因，他必须自谋生计；

21 岁时，做生意失败；

22 岁时，角逐州议员失败；

24 岁时，做生意再次失败，并欠下一大笔债，用了 17 年才还清；

26 岁时，伴侣去世；

27 岁时，曾一度精神崩溃，卧床半年；

29 岁时，候选州议员发言人失败；

34 岁时，角逐联邦众议员落选；

35 岁时，参加国会大选失败；

36 岁时，角逐联邦众议员再度落选；

40 岁时，连任众议员，失败；

41 岁时，任州土地局长被拒绝；

45 岁时，角逐联邦参议员落选；

47 岁时，提名副总统落选；

49 岁时，角逐联邦参议员再度落选；

52 岁时，当选美国第 16 任总统。

这个从生下来就一贫如洗，终其一生都挫折不断，两次经商均告失败，8 次竞选 8 次落选，甚至还曾一度精神崩溃的人就是亚伯拉罕·林肯。

然而，一次次的失败并没有让他放弃，反而使他越挫越勇。也正是因为他坚忍的性格和不懈的努力，在他 52 岁时，终于成功地当选为美国第 16 任总统。

无论是面临生命中的任何问题抑或是面对生活中的任何困难，都应该牢记我们的命运掌握在自己的手中，只要不断地去努力，不仅可以改造我们的性格，更能改变我们的命运。

用性格来改变你的人生

心理学研究结果表明，一个人性格的好与坏在很大程度上对其事业成功与否、家庭生活幸福与否、人际关系良好与否起了决定性的作用。健全的个性是事业成功的基础、家庭幸福的根基、人际关系良好的基石。21 世纪是文化、科技高速发展的时代，健全的个性是通向成功的护身符。

心理学家曾一再告诫世人：改善你的个性，健全你的个性，扼住命运的咽喉，做命运的主人。要改善自己的个性、健全自己的个性，前提是要认识自己的个性，找到自己性格中尚存在的缺陷，对症下药，为明天的成功铺一块基石。

欧玛尔是英国历史上著名的剑术高手，他有一个实力相当的对手，两个人互相挑战了 30 年，却一直难分胜负。有一次，两个人正在决斗的时候，欧玛尔的对手不小心从马上摔了下来，欧玛尔看见机会来了，立刻拿着剑从马上跳到对手身边，这时只要一剑刺去，欧玛尔就能赢得这场比赛了。欧玛尔的对手眼看着自己就要输了，因此感到非常愤怒，情急之下便朝欧玛尔的脸上吐了一口口水，这不但是为了表达自己的怒气，也是为了要羞辱欧玛尔。没想到欧玛尔在脸上被吐了口水之后，反而停下来对他的对手说："你起来，我们明天再继续这场决斗。"欧玛尔的对手面对这个突如其来的举动，感到相当诧异，一时间显得有点不知所措。

欧玛尔向这位缠斗了 30 年的对手说："这 30 年来，我一直训练自己，让自己不带一丝一毫的怒气作战，因此，我才能在决斗中保持冷静，并且立于不败之地。刚才，在你向我吐口水的那一瞬间，我知道自己生气了，要是在这个时候杀死你，我一点都不会有获得胜利的感觉。所以，我们的决斗明天再开始。"

可是，这场决斗却再也没有开始，因为欧玛尔的对手从此以后变成了他的学生，他也想学会如何不带着怒气作战。

第四章
别让不良性格毁了你

卡利斯丁说过一句名言："在诸多的成功因素中，性格是最重要的。"成功者必然有其成功的理由，而且成功者的成功必然是与其良好的性格分不开的。倘若一个人存在着这样或那样的不良性格，那么，他的人生也必将受到这些不良性格的影响，甚至在关键的时刻，这些不良性格会对人生起决定性的作用，成为阻碍我们发展和成功的绊脚石。正如良好的性格能成为人生走向成功的助推器一样，不良性格也能成为人生走向成功的拦路虎。

狭隘性格：中了恶魔的诅咒

狭隘的人，其心胸、气量、见识等都局限在一个狭小范围内，不宽广、不宏大。心胸狭隘的人，他们只听得好而听不得坏，只能接受成功而不能接受失败，稍遇挫折、坎坷和不如意，就出现过激行为，导致对自己、对他人的损害，给家庭、社会带来损失。

年轻男女如果在成长过程中受多方面因素影响而形成狭隘心理，就会严重影响他们的生活和交往，成为身心发展的障碍。心胸狭隘的人眼中是容不下一粒沙子的，他们总是喜欢斤斤计较自己的得失，总是拿自己与他人比较，一旦发现别人比自己强，他们就受不了，他们就会想方设法让他人败下阵来，因此，一个心胸狭隘之人由于他气量狭小，往往在日常的人际交往中极易与人发生矛盾甚至冲突。

狭隘的性格一旦形成，将对一个人的一生产生非常不利的影响。一个再优秀的人,若他的心胸狭隘,容不下他人、接受不了他人,那么,这个人一定难成大器,就算他已小有成就,而终有一天,这些小小的成就也会因为他的狭隘性格而毁于一旦。明朝宰相李善长就是因为性格狭隘而自酿人生悲剧的。

宰相肚里能撑船,确实是至理名言。明朝宰相李善长虽功劳赫赫,荣登宰相宝座,但因其狭隘性格,终落得个被逼自杀,家属70余人被赐死的结局。还是刘基对李善长掐算得好:"志大量小,后事难料。"

李善长,字百室,1314年生,凤阳人。李善长出生于衣食无忧的小地主家庭,早年读过一些书,虽不能说精通文墨,但却懂得治乱之道。他为人很有谋略,也很能干,在地方上颇有威望。据记载,他从小就有雄心大志,想干一番事业。

早年的他跟从朱元璋,从朱元璋的幕府记室长开始便尽心尽力、忠谨之至,并最终得到了朱元璋无比的赏识和信任。当然,李善长也确实非常有才能,能文能武,并且屡屡为朱元璋立下汗马功劳。

1368年,朱元璋在南京正式宣布登基,国号大明,李善长主持了整个仪式。至此,李善长由刀笔小吏成为开国功臣,封为开国辅运韩国公,同时赐以铁券,可免死罪两次。在封赏的诰命上,朱元璋对李善长的功劳作了如下评价:"东征西讨,目不暇给;尔犯守国,转运粮储,供给器杖,未尝缺乏;剔繁治剧,和辑军民,各靡怨谣。昔汉有萧何,比之于尔,未必过也。"

可见,当时朱元璋对李善长的评价是相当高的。然而,李善长随着职位的升高和权势的增强,其性格中的狭隘性也逐渐体现出来,并最终害人害己。

开国以后,李善长任丞相,势力很大,其亲信中书省都事李彬犯有贪污罪,当时由任御史丞的刘基调查这件事,李善长多次从中说情、阻挠,最后,刘基还是奏准了朱元璋,将李彬杀死。李善长怀恨在心,就暗设计谋,令人诬告刘基,自己还亲自弹劾刘基擅权，结果刘基只得回家避祸。参议李饮冰、杨希圣对他有冒犯之处，李善长就罗织罪名割了杨的鼻子和李的胸乳，导致二人一残一死。

这倒还罢了，他培植淮人集团的势力，将一个知县出身的胡惟庸一手提拔为丞相，后来胡惟庸擅权不法，贪污受贿，弄得朝野皆怨，引起了一些正直朝臣的反对。由于朱元璋用法残酷，胡惟庸恐怕被杀，就秘密组织了一场谋反活动，企图把朱元璋骗出宫来杀掉。谋反败露后，胡惟庸一党被株连杀死的有3万多人。李善长既是胡惟庸的故旧，又是他的推荐者，还与他有亲（李善长之弟跟胡惟庸是儿女亲家），本当连坐，朱元璋念他是开国勋臣，便免死贬谪，但后来还是以星相之变须杀大臣为借口赐死了李善长。李善长死时77岁，所有家属70余人，也尽行赐死。

李善长以功始而以罪终，这在中国历史上是极有代表性的，别说朱元璋对开国功臣大加杀戮，就是换一位"仁慈"的开国皇帝，像李善长那样性格狭隘、居功自傲、擅权自专，也必定是多行不义必自毙。

刚愎性格：众叛亲离终败北

刚愎自用的人往往都把自己看得很重，进而忽略了他人的存在。他们一切以自己为中心，在他们的心目中，个人利益是至高无上的。这种人往往听不进别人的意见，喜欢一意孤行，做事情只顾自己、不顾别人。

刚愎自用型性格与刚毅型性格乍一看上去有着表面的相似性。其实不然，具有刚愎性格的人往往把自己看得很重，在他们的视野内，没有可以与自己相提并论的人，他们中的很多人确实有才华、有能力，但他们不求进步，最终导致失败的命运。恃才傲物是他们的显著特征，他们自视甚高，不愿与别人交流，故步自封，最后难免出现悲剧性的结局。许多刚愎自用型性格的人都是曾有过很大贡献的人，但他们往往认为自己功勋卓著，听不进别人的意见，最终也难逃悲惨的结局。

关羽正是这种性格的典型代表。他一生战功赫赫，对刘备忠心耿耿，始终不渝；智勇盖世，过五关斩六将，屡战屡胜，所向无敌。但这些优点也导致了他刚愎自用的性格特征。"大意失荆州"的故事大家都很熟悉，正是关羽傲慢自大的性格使他忘乎所以、目中无人，才不可避免地导致了他的悲剧命运。

而在历史长河中，由于性格上的刚愎自用而最终导致人生的失败，甚至命运的悲惨的人又何止关羽一个呢？提起楚汉相争中的西楚霸王项羽，相信没有人不为他的乌江自刎而深感可惜，而项羽这个人的死却死得那样的刚愎自用，一句"无颜见江东父老"，将他刚愎的性格在他生命的最后一刻展露无疑。

项羽是刚愎自用的，他的刚愎自用还带着一些优柔寡断。因此，虽然他英勇顽强、所向披靡，堪称英雄，但仍然是匹夫之勇。他的性格注定了他失败的命运，所以，楚汉相争，在一定意义上是性格之争。

在楚汉相争的初期和中期，刘邦实际上处于十分不利的地位，然而，项羽最终却失败了。项羽的失败在很大的程度上可以说是性格悲剧。

刘邦的性格中有许多别人无法比拟的优点，这种性格使他善于听信忠言，能够使用人才，为了大事可以不惜一切代价。项羽虽然是个英雄，但是，他的性格中有着致命的弱点，那便是：刚愎自用。而刘邦正是利用了他的刚愎自用的性格弱点战胜了他，并最终夺得了天下。

秦末农民战争中，刘邦和项羽是两支反秦武装的领袖，他们是战友，也是同盟军。

公元前206年10月，刘邦进据咸阳（今陕西咸阳东北）后，接受张良等人的劝告，与当地的百姓"约法三章"，由此获得了当地百姓的民心。同年12月，项羽在经过巨鹿的浴血苦战消灭秦军主力后，率诸侯兵西抵函谷关。一看关门紧闭，又听说沛公已定关中，当即大怒，命黥布等人攻破函谷关，大军蜂拥而上，进驻鸿门。

　　被项羽奉为亚父的范增此时已看出了刘邦的野心，于是劝项羽于次日清晨消灭刘邦的势力。项羽有兵40万，刘邦仅有10万，自然无法与项羽抗衡。正在这一紧要关头，项羽的叔父项伯连夜将实情告诉张良。项伯和张良原是好朋友，所以劝张良赶紧脱离刘邦，不要一起送死。张良认为"亡去不义"，反而拉着项伯一起见沛公。刘邦立刻与项伯结成亲家，并听从项伯的建议，于次日清晨到鸿门向项羽请罪。

　　次日清晨，刘邦早早赶到鸿门，向项羽面谢，一番话语让项羽顿时犹豫不决，最后只得设宴接待刘邦。

　　在宴席上，范增好几次用眼睛示意项羽攻击沛公，项羽却毫无反应，范增只好离席找到项庄，对他说："君主为人优柔不决，你进去以剑舞，寻找机会杀掉刘邦，不然，我们都会成为他的俘虏。"项庄于是入席敬酒，并借口："军中无以为乐，请以剑舞。"随即拔剑起舞。项伯心知项庄舞剑，其意在杀沛公，遂起身对舞，以自己的身体翼蔽沛公。在营外担任警卫的樊哙急闯进来，大声责备项羽说："沛公先入定咸阳，暴师霸上，以待大王。大王今日至，听小人之言，与沛公有隙，臣恐天下皆心疑大王也。"一番话，说得项羽无言以对。过了一会儿，刘邦起身如厕，招樊哙出，将车骑随从留下，自己骑马，樊哙等人步行小道返回汉营，让张良对付项羽。项羽问沛公哪里去了，张良回答说："怕将军有意责备，故不辞而别，让我代为献上玉璧。"项羽接受了这一礼物。张良又将玉斗献给范增。范增愤然撞碎玉斗，起身说道："从今往后，我们都成了刘邦的俘虏。"

　　果然不出范增所料，不久，刘邦便利用项羽刚愎自用、优柔寡断、多疑的性格弱点，对他用反间计，用一系列的计谋让他身边的忠臣良将一个个弃他而去，并最终落得了"四面楚歌""乌江自刎"的下场。

与刘邦相比，项羽的确具有更多的英雄特征。他勇猛善战、不畏艰难、性格直爽、恩怨分明、爱惜属下、讲究道义，有"力拔山兮气盖世"的美誉，但他的这些性格特征皆被他的刚愎自用抹掉了。他没有刘邦的柔韧、冷静、果断和博大，更没有刘邦的雄才大略，所以他中了刘邦的反间计，失去了一个个得力的助手和忠臣。

楚汉相争的这场性格之战就在项羽乌江自刎之时落幕了，但结局是一开始就注定的，项羽就这样因为刚愎自用而未能成为真正的霸王。

自负性格：膨胀出来的败局

有自负心理的人往往过高地估计个人的能力，失去自知之明。心高气傲的人，有的自视过高，总爱抬高自己、贬低别人，把别人看得一无是处，总认为自己比别人强很多；有的固执己见，唯我独尊，总是将自己的观点强加于人，在明知别人正确时，也不愿意改变自己的态度或接受别人的观点。自负的人一般很少关心别人，与他人关系疏远。他们经常从自己的利益出发，不太顾及别人。他们不求于人时，对人缺少热情，似乎人人都应为他服务，结果落得门庭冷落。

自大是失败的前兆。小说《三国演义》里刘备的大将关羽，重义气、忠心耿耿、勇猛过人、战功赫赫，被人们尊称为关公。但是他也有致命的弱点，那就是自负。刘备在成都自封蜀汉皇帝，把荆襄九郡的军政大权交给关公，可是他不听下属的正确建议，又把荆州这片战略要地给丢了。

自负的人通常是感性的，他们仅仅通过感觉、知觉、表象等认识的基本形式，对事物或形势进行表面性的判断，盲目地、自以为是地相信自己，最后的结果往往与预期的相去甚远，甚至截然相反。比如吕布，这位《三国演义》里武将中当之无愧的佼佼者，就是个自负的典型。当曹操兵临城下、敌众我寡之际，此君仍在貂蝉面前没心没肺地狂妄叫嚣着："汝无忧虑。吾有画戟、赤兔马，谁敢近我？"

狂傲自负的人在人生的旅途中很容易因为小小的成功而自我膨胀，一旦自我膨胀，他便会很快迷失方向，而此时，失败也就离他不远了。

在第二次世界大战中，涌现出许多杰出的人物。麦克阿瑟就是一位杰出的将军。美国前总统尼克松曾这样评价过麦克阿瑟："麦克阿瑟是美国的一个巨人，一个体现了传奇人物的一切矛盾的传奇式人物。他是善于思考的知识分子，又是威风凛凛、自负的军人；他是专制者，又是民主主义者；他天生口才好，演说时感染力很强，丘吉尔式的雄辩可以鼓舞千百万人——也使大多数自由派无招架之力。"

麦克阿瑟将门出生，他的父亲曾经担任入侵菲律宾的美军司令。他毕业于美国著名的西点军校。

第一次世界大战中，麦克阿瑟担任美军第42师参谋长，晋升上校军衔。他所在的师在欧洲战场战斗了大约4个月，因战功卓著，成为赫赫有名的部队。

1925年，麦克阿瑟被提升为少将，他是美国陆军中最年轻的将军。1930年，50岁的麦克阿瑟出任美国陆军参谋长，成为美国历史上最年轻的参谋长。他所创造的奇迹，更体现在他在第二次世界大战中的杰出表现。

在太平洋战役中，他提出了独特的"蛙跳战术"，即向几个重要目标的国家发动跳跃式进攻，集中兵力，打开一条通向日本东京的道路。当时，美国海军作战部部长欧内斯特·金和太平洋战区司令尼米兹并不同意他的计划。

但是，麦克阿瑟没有顾及自己的处境和上下级的关系，坚持他的"蛙跳战术"，最终获得了极大的成功。

二战后，麦克阿瑟对日本的政治、经济进行了大刀阔斧的改革，也取得了成就。

麦克阿瑟涉足政坛以来，他的自负个性使他与上级的关系及各届总统的关系都不融洽。

二战结束后，杜鲁门总统尽管对麦克阿瑟印象不佳，但仍相当重用他，他由此成为日本的绝对统治者。在没有经过华盛顿批准的情况下，他擅自将驻日美军削减一半，杜鲁门对此大为恼火，两人关系极为紧张。战争结束后，杜鲁门两次邀请他回国参加庆典，均遭拒绝。

1950年秋天，联合国军被堵在朝鲜半岛东南角的釜山。假如麦克阿瑟对釜山发动进攻，他的军队必然遭受重大伤亡。他采取了攻其不备的战术，突然从朝鲜半岛的西海岸港口仁川登陆，并取得了成功。关于朝鲜战争的性质另需讨论，这里仅就麦克阿瑟的战术看，与他的自负的性格不无关系。

登陆仁川后，麦克阿瑟继续扩大战火，把战火烧到了鸭绿江边，中国人民志愿军入朝参战，重创美军。由于军事上的失败，杜鲁门已经考虑停战了，但麦克阿瑟认为杜鲁门是"绥靖主义"，是"投降"，并公开指责他。

1951年4月，杜鲁门下令撤销麦克阿瑟的一切职务。

作为美国历史上杰出的五星上将，麦克阿瑟当之无愧是优秀的人物。二战中，他出任远东盟军统帅，以过人的胆识、坚强的意志，取得了令世人瞩目的战绩和荣誉。战争中，麦克阿瑟有叱咤风云、运筹帷幄的韬略，有临危不惧、亲临战场、出生入死的战争经历。

在实际工作中，他也有狂妄自大、唯我独尊的一面。他的狂傲自负、恃才傲物使他很难处理好上下级的关系，以至最后断送了自己的前途。当他和艾森豪威尔一起竞选美国总统时，应该说凭着他的经历、战绩和他在美国人心目中的形象地位，他应该获胜，但最终人们选择了艾森豪威尔。从这点来看，人们更希望他们的总统是一位稳健的人物，他们放弃了因自负性格而不断引起争议的麦克阿瑟。

多疑性格：聪明反被聪明误

多疑的性格具体表现为过度的神经过敏，凡事总是疑神疑鬼。喜欢猜疑的人特别注意留心外界和别人对自己的态度，对别人脱口而出的一句话就琢磨半天，努力挖掘其中的"潜台词"，这样便不能轻松自然地与人交往，久而久之不仅自己心情不好，也影响到人际关系。

多疑的人在生活中上演的就是一出悲剧，因为多疑，其会在生活中完全地丧失自我，总是以别人为生活的重心，总是会在一种不安宁的情绪状态中徘徊，总是将事实都建立在自己的假想之上。这种人一般很难有真正的朋友，因为他们的多疑会让和他们在一起的人感到巨大的压力，并且还会伴随着一种不安全感。当然，这从另一个方面来讲也严重地影响到了疑心重性格的人的人际关系交往。

有猜疑心的人，往往先在主观上假定某一看法，然后把许多毫无联系的现象都通过自己自认为合理的想象拉扯在一起，以此来证明自己看法的正确性。为了能达到这一目的，他们甚至能无中生有地制造出一些现象。最后是越猜越疑，越疑越猜。

正如英国思想家培根所说："猜疑之心有如蝙蝠，它总是在黄昏中起飞。这种心情是迷惑人的，又是乱人心智的。它将最终导致一个人做错事情。"回顾历史，奸雄曹操的身上就有猜疑这一典型性格。

曹操刺杀董卓不成，独自一人骑马逃出洛阳，飞奔谯郡，路经中牟县时被擒。县令陈宫慕曹操忠义，于是弃官与之一起逃亡。两人行至成皋，投曹父故人吕伯奢家中求宿。

吕伯奢一见曹操，非常高兴，又听说其刺董卓未遂，正遭缉拿，毫不犹豫地将他们带回家中。之后，转身出门，命4个儿子杀猪宰羊，自己则去4里（相当于2千米）外的集上打酒。

由于刺董之事，曹操终日紧张，加上他生性多疑，所以就没有真正静下来过，即使在吕伯奢的客堂里，他依然两耳高竖、坐立不宁。他刚喝完一杯茶，就听到了嚯嚯的磨刀声，侧耳再听，竟听有人说："马上堵了门，别让他跑了！"

多疑的曹操哪知道是在杀猪宰羊，他认为吕家人要报官杀害他，他心一横，拔剑出门。"好一群不顾大义的小人！"吕伯奢的小孙子正在瞪目瞅他，曹操却忽地一剑刺去，一股红流喷在胸部。曹操没有任何反应，仍是一剑一人地杀向后院。

提剑的曹操见后院内吕伯奢的4个儿子正在捆猪，心中猛地一顿，知道自己杀错了人，但仍掷剑砍去。4剑之后，曹操觉得自己的身体突然软了下来，遂挂剑在地，闭目不语。良久，忽拔剑挺直，对天长笑："宁教我负天下人，休教天下人负我！"笑毕，一剑砍断马缰，手抓马鬃，跃身而上。

和"用人不疑，疑人不用"的领导法则相反，有些领导者对部属全然不信任，疑神疑鬼，担心部属夺权、不敢授权。于是，就像"防弊重于兴利"的施政态度一样，人才再多，也是徒然。

有些领导者和下属之间，平日看似合作无间，实则互信基础不稳，一旦患难或危急时刻，信赖感便破裂了，铸下悲剧。三国时代的超级猛将吕布，便是活生生的例子。

吕布，字奉先，可谓是三国前期的第一猛将，其生父早亡，曾拜荆州刺史丁原为义父。董卓为相国时，吕布被其重金收买，遂杀掉丁原归顺董卓，而后在曹操大败董卓之后，又被曹操以同样的方式收买，背叛董卓，投靠曹操。

建安三年（198年），吕布还在董卓手下时，双方征战，曹操亲征吕布。吕布据守下邳城，虽曾多次突围，但每战必败，被迫退守城内。吕布手下第一谋士陈宫献计说："曹操远道而来，必然支撑不久。将军您如果率领步、骑兵屯驻城外，我率领其余军力防守城内。曹操攻打将军，我就出城袭击他的背后；曹操如果来攻城，将军便由外率军来救。如此互为犄角，互相呼应，不超过1个月，曹军粮尽，我们再伺机反击，必可破曹。"

依照陈宫的策略，城里城外两相呼应，就像《孙子兵法》说的"常山之蛇""击其首，则尾至；击其尾，则首至"。这是突围的上好计策，虽然冒险，却不得不如此。

吕布同意，命陈宫和另一名大将高顺守城，自己准备率骑兵出城，截击曹操的粮食补给线。

奈何吕布的妻子有意见，她不放心让陈宫、高顺守城。她说："陈宫、高顺一向不和，将军出城，两人必然不能同心守城，万一局势生变（内斗），将军要在哪里立足？"

一句话说得吕布心惊胆跳。吕夫人接着又提醒吕布："当年曹操对陈宫，就像父母对怀抱中的幼子一样，到头来陈宫还舍弃曹操，前来投靠我们。你待陈宫之好，并未超过曹操，却把整座城交给他，一旦有变，我还能再做你的妻子吗？"

两段话一段比一段惊悚，吓得吕布取消出城计划。起死回生的机会破灭，只能坐困城中，城破只是早晚的事。

正如《三国志》作者陈寿评价吕布："虽骁勇，然无谋而多猜忌，不能制御其党，但信诸将，诸将各异意自疑，故每战多败。"就因为吕布对部将有疑虑而放弃陈宫提出的突围奇计，而不得不坐以待毙。由此可见疑心重在成就大事的过程中必将贻误大事，再多的努力，在关键的时刻，只一个"疑"字便前功尽弃。

孤僻性格：一把关闭心灵的锈锁

在现代社会，交通、通讯越来越发达，人们的生活也越来越丰富多彩。但与此同时，却有越来越多的人声称内心孤独。他们也经常参加各种社交活动，甚至不落下任何一场聚会，哪里人多，哪里热闹，哪里就有他们的身影，他们就把孤独的自我淹没在城市的灯红酒绿之中，但是，他们的内心却依然感到孤独。

是的，孤独并不可怕，可怕的是内心的孤独有一天会让一个人渐渐变得孤僻。

性格孤僻者的主要表现是不愿与人接触，对周围的人常有厌烦、鄙视或戒备的心理。这种人还常常表现出神经质的特点，其特征是做作和神经过敏。总认为别人瞧不起他，所以凡事故意漠不关心，做出一副瞧不起人的样子，使自己显得气势凌人一些。其实其内心很脆弱，很怕被别人刺伤，于是就把自己禁锢起来不与人交往。一旦别人真的不理他时，他又认为自尊心受到了伤害。由于这种人猜疑心极重，办事喜欢独往独来，因而越发与别人格格不入。人际关系不良的结果，使他陷入孤独、寂寞、抑郁之中。长此以往，还容易导致种种身心疾病。

人人都可能有孤独的时候，但并非人人都能够战胜自己的孤独感。

孤独，并不单纯是独自生活，也不意味着就是独来独往。一个人独处，可能并不感到孤独；而置身于大庭广众，未必就没有孤独感产生。

那么究竟什么才是真正的孤独呢？心理学家认为；真正的孤独往往产生于没有情感和思想交流。事实上，不管你是已婚还是未婚，也不管你是置身于人群还是独居一室，只要你对周围的一切缺乏了解，和你身外的世界无法沟通，你就会感受到孤独的滋味。

孤僻也属于自我封闭的一种，指将自己与外界隔绝开来，很少甚至没有社交活动，除了必要的工作、学习以外，大部分时间都活在自我的世界里，不与他人沟通。这样的人通常很孤独，害怕与人交往，朋友也相当少，甚至没有。他们总是活在自己的世界里，由于缺乏沟通和交流，他们总感觉没有人能理解他，并常常会闷闷不乐，甚至走向抑郁。

因此，可以说，孤独是一种思想上、情感上无法沟通、无倚无傍、无人理解与认同的感觉。一个人若常年被这样一种性格左右，便会产生一种无人理解与认同的孤独感，那么，就算他再有成就，他的一生都算不上是过得很幸福。

正如心理学家指出的，这种自闭而不合群的性格，不仅有碍于和谐人际关系的建立，而且还会使人产生对生存的畏缩感，非常不利于身心健康。

伟大的科学家、发明家和企业家诺贝尔以他的诺贝尔奖金而蜚声中外，他一生都在为人类作贡献。但他是孤独的，他虽有过3次恋爱，但终身未娶。在他辉煌事业的背后却是一颗孤寂的灵魂，这不得不让人为此而深感惋惜。但我们更深入地了解便会发现，诺贝尔不幸的情感生活与他孤僻的性格是息息相关的。

1833年10月21日，诺贝尔出生在瑞典的斯德哥尔摩。9岁时，他和父母移居俄国。在俄国，他的父亲从事机械工业，发明了地雷，并在克莱米战役中从政府获得了很多订单，但却很快就破产了。

1851年，18岁的诺贝尔到巴黎研读化学，他在一所实验室工作。在一次晚会上，他邂逅了一位来自自己祖国的女郎。之后，两人相爱了。不幸的是，这位女郎因患肺结核而突然去世。与此同时，他在商业领域却很幸运，积蓄了很多钱，而且他还在他的发明中寻找出很多商机，并在20多个国家建立了80多个公司。

但是，诺贝尔最主要的贡献并不在获得巨大的财富及他的科学发明方面，他总是在发现生活中的价值，从年轻时候他就喜欢文学和哲学，或许因为他并没有找到人间的爱——他从未结婚——于是他致力于全人类的爱。

诺贝尔43岁时经历了第二次恋爱。他登报招聘一名"女秘书兼管家"，后来在众多应征者中，诺贝尔选中了33岁的懂多种语言的家庭教师贝尔塔，并在工作和生活中爱上了她。但诺贝尔没有想到的是，贝尔塔一直深爱着另外一个男人——奥地利的一名男爵，并最终弃诺贝尔而去。

贝尔塔辞职后不久，诺贝尔到奥地利旅行，遇上了20岁的卖花女郎苏菲·海斯。她出生于维也纳中下层家庭，是犹太后裔。

苏菲的父亲经济窘困，诺贝尔承诺要帮助苏菲。这样，两人开始了交往。

两人年龄相差 23 岁，阅历和文化程度都相去甚远。诺贝尔对苏菲是有求必应，苏菲开始大量索取金钱，挥金如土。她赊账都记在诺贝尔名下，甚至常常以诺贝尔夫人的名义出现在各种场合。

诺贝尔几度欲娶苏菲为妻，他曾把苏菲介绍给他的朋友和兄弟们，但遭到大家的一致警告，他的母亲也反对。

1883～1889 年，诺贝尔经历了一生中最痛苦的时期。他的哥哥鲁伟去世，母亲随后也离开了人世，苏菲也返回奥地利。诺贝尔迁往意大利。

1896 年 12 月 10 日，诺贝尔在意大利自己的别墅里溘然长逝。不久，这位"孤独的旅人"被送回自己的家乡，安息于斯德哥尔摩诺贝尔家族墓地。

他留下了著名的遗嘱，他把他的财富提供给在物理学、化学、生理学、医学、文学和和平事业等方面作出贡献的人，这是他永远的理想。

诺贝尔的一生是辉煌的，但同时也是孤独的；他的一生是成功的，也是不幸的。是他孤僻的性格让他与现实中的幸福擦肩而过、失之交臂。

贪婪性格：永远填不满的欲望之沟

一个贪婪的人是永远都不会满足的，他们的欲望就像是一个无底洞一样，是无法去填满的。这种无休止的索取，结局是不仅得不到期望的，而且连曾经得到的都将失去。

贪婪往往要付出代价。有时候，有些人为了得到他喜欢的东西，殚精竭虑，费尽心机，更有甚者可能会不择手段，以至走向极端。也许他得到了他喜欢的东西，但是在他追逐的过程中，失去的东西也无法计算，他付出的代价是其得到的所无法弥补的，那代价是沉重的，只是直到最后才会被他发现罢了。更可悲的是，当他发现的时候，一切都太晚了，抑或败局已定，抑或损失、伤害业已造成。

古时有一个国王非常富有，但他还是不满足，希望自己更富有。他甚至希望有一天，只要他摸过的东西都能变成金子。

结果，这个愿望终于实现了，天神给了国王这一份厚礼。国王非常高兴，因为只要他伸手摸任何物品，那个物品就会变成黄金。他开心地用手触摸家中的每样家具，顿时每样东西都变成黄澄澄的金子了。

此时，国王心爱的小女儿高兴地跑过来，国王一伸手拥抱住她，他活泼可爱的小公主立刻就变成一尊冰冷的金人了。他傻眼了。

贪婪的人，被欲望牵引，欲望无边，贪婪无边。

贪婪的人，是欲望的奴隶，他们在欲望的驱使下忙忙碌碌、不知所终。

贪婪的人，常怀有私心，一心算计，斤斤计较，却最终一无所获。

在很多事情上，做到什么程度由我们自己控制。成功的人往往适可而止，而失败的人不是做得太少就是做得太多。要记住：多并不一定带来快乐，太多就一定会招来麻烦。

人生之中，我们每一个人多少会遇到一些陷阱，而这些陷阱之中，最为可怕的一种是我们亲自挖掘的。因为贪心，我们忽略了自己的弱点，不顾一切去满足我们的欲望。这时，即使危险摆在我们面前，我们也无法去理会、去避让，贪婪遮住了我们的双眼，使我们无法看到危险所在。

贪婪的可怕之处不仅在于摧毁有形的东西，而且能搅乱人的内心世界。我们的自尊，我们所恪守的原则，都可能在贪婪面前垮掉。

贪婪的人是如沙漠一样的不毛之地，吸收了全部雨水，却不滋生一草一木，不能孕育一个小小的生命。

贪婪者的心理，一心想着的是"拿来"。这个念头往往占据了他的整个内心，而把其他的善念都挤了出去。

对于一个不知足的人来说，天下没有一把椅子是舒服的。贪欲就如同一团熊熊烈火，柴放得越多就烧得越旺，而火烧得越旺，人就越有添柴的冲动。于是，人便奔来奔去、忙里忙外，难有停息的时候。

贪婪的人是无法知道贪婪的结果的，因为贪欲早已迷住了他的心、遮住了他的眼，他不知道自己该在什么时候停下来。他就像一只拉磨的驴，只顾一个劲地往前走。

贪得无厌常常使人失去清醒的头脑，为了一点小利而失去很多宝贵的东西，甚至生命。在历史上就有不少人，本来有很辉煌的前程，但他们却抑制不住内心的贪婪从而因此身败名裂。清初大将多尔衮就是因贪婪而身败名裂，终究未能登上帝位。

清朝开国初期的皇叔父摄政王多尔衮的性格极为贪婪。可以说，这个"贪"字驱使他一生争权夺势，追名逐利，陷于女色而不能自拔。

多尔衮对于皇权之争是煞费苦心、六亲不认的。他的哥哥皇太极去世后，虽然已拥立其子福临为帝，即顺治，并封皇太极的侧福晋博尔济吉氏为孝庄文太后，但多尔衮欲篡夺皇位的野心丝毫没有消除。

后来，清兵入关进京，明朝众臣拜见多尔衮时呼"万岁"，竟然只知新建的清国有个摄政王多尔衮，而不知还有个皇帝福临。当孝庄文太后与顺治帝到北京皇宫时，看到多尔衮无视皇上，独揽大权，结党营私，排除异己的种种迹象，便清醒地意识到朝廷这种险恶的形势时刻在威胁着幼子福临的皇位。孝庄文太后在不得已的情况下，便依照当时满族"父死则妻其后母，兄死则妻其嫂"的习俗，下嫁给多尔衮，以此来挟制多尔衮的野心。

而且，聪明的孝庄文太后为了稳住与抚慰多尔衮那颗贪婪的心，还让其儿子顺治帝封多尔衮为皇叔摄政王。可是，多尔衮对孝庄文太后母子这一恩赐并不买账。他联合了亲信加封自己为"皇父摄政王"，以使自己的权力和地位提高到极点，与皇帝位于同一台阶，甚至有过之而无不及。

随着权力的剧增，多尔衮贪婪的胃口也日益增大，极尽追名逐利之能事，他把福临之所以能登上皇位的功劳据为己有，把各王公在入主中原前后的战功也尽归于己。进北京后，他所用的侍卫、仪仗、音乐等待遇均与皇帝一样；所建的王府完全是按照皇帝宫殿的规格，其华丽的程度竟有甚于皇宫。

不仅如此，多尔衮的贪欲成性还表现在疯狂地占有女色上。他的私生活放荡不羁，荒唐至极。他不仅霸占了佳丽无数，而且还打起了异国他乡美女的主意，弄得邻国也鸡犬不宁。

由于多尔衮利欲熏心、贪得无厌，依仗他的权势恣意横行，天人共怒。正所谓利深祸速，他去世不足半月，顺治帝就一反常态地将多尔衮的罪状公之于世，并没收了多尔衮的所有财产。

可以说，多尔衮的贪欲之心是超人的，将一切功劳尽归己有，从而以功臣自居，谋篡夺位，争名夺利，贪占女色，无所不贪，而且贪得无厌。事物发展到极端，就会朝相反的方向转化，即所谓"物极必反"。多尔衮之贪婪引起神人共愤，即使他死了也没逃脱被后人刨坟掘墓、鞭尸示众的命运。

叛逆性格：引火焚身的悲剧

叛逆型性格与理想型性格正好相反，他们不是无性格，而是随时随地都有着很明显的性格。理想型性格是水的性格，而叛逆型性格则是火的性格，叛逆型性格是直接地与所处环境展开针锋相对的斗争。

性格决定命运在叛逆性上表现得尤其鲜明。叛逆是逆来顺受的反面，它富于思想而激进，它是性格向环境发出的挑战，叛逆性格越强，则挑战越激烈。

虽然每一个人都在改变着自己的生存环境，但不同性格的人采取的方式却不一样，有的人是先融入环境，循序渐进，逐步改变；有的人则采取终南捷径……有叛逆性格的人却与之不同，他向生存环境采取赤裸裸的反抗，他不迂回，不婉转，不是性格战胜环境，就是环境战胜性格。因此，对真正具有叛逆性格的人来说，他们注定只有两种命运：一是战胜环境成为英雄；二是被环境所吞噬，成为悲剧的主角。古今中外，叛逆性格鲜明之人无一例外是这两种命运之一。

德国著名哲学家尼采便是叛逆型性格的代表人物。在西方基督教对人们的统治日益坚固之时，他提出上帝死了，要推翻一切旧有的道德，认为人性是恶的，恶才值得去赞扬，恶是推动人类历史前进的武器。尼采叛逆的性格使得他的哲学思想在现代西方哲学史上自立门派，但也导致了他悲剧性的一生。他没有美好的家庭，身患精神分裂症，而且最终陷入了彻底的精神崩溃之中。

当然，并不是说叛逆性格就一定不好，任何性格都有值得肯定的一面，但一旦过度，则不可取。叛逆性格关键在于叛逆的对象是什么，若叛逆的对象是真理，那么，叛逆肯定是导致悲剧；但若叛逆的对象是假、丑、恶，那么，叛逆的结局可能依然是一个悲剧，但它的正面意义却不可低估，甚至在关键时刻，它将推动社会的进步。而在现实中，叛逆性格的人往往是激进与悲剧共存。

著名的俄国诗人普希金就具有非常明显的反叛与诗化的性格。普希金的性格是反叛的，他生活在沙皇统治的沙俄帝国，但他从未想过取悦沙皇。他在一首诗中写道："我只愿歌颂自由，只希望向自由献出诗篇，我诞生在世界上，并不是为了用我羞怯的竖琴讨沙皇的喜欢。"在诗人的眼里，自由明显高于沙皇，字里行间透露出诗人的浪漫及其特有的反叛性格。

普希金的性格是诗化的。在他的诗篇中、小说里，不乏激情、浪漫、向往等情调，这些都是他诗化人格、性格的写照。假如没有诗化的性格，他自然不会因为自己的妻子去和一个法国军官决斗。而他之所以接受决斗的挑战，主要是想维护个人的尊严和名誉。

反叛和诗化的性格，使普希金走上了决斗的道路，并结束了自己年仅 38 岁的生命。他的命运和他的性格如此紧密地结合在一起，并决定了他的命运走向。

普希金在幼年时代就表现出与众不同的反叛性格。13 岁时，普希金进入以培养俄国皇室奴仆为主要目标的"皇村学校"。这所学校从课程设置到日常管理，都严格贯彻着沙俄统治者的各项旨意，充满了封建奴化色彩，采取高压和禁锢相结合的手段，控制学生们的思想和行动。而从小接受自由思想熏陶的普希金自然在这里多有不适。他和自己父亲的思想格格不入，他离开家庭的主要想法是渴望独立。可是这所学校恰恰不容许学生有自己的思想，也不准许学生有独立的人格和个性。这一切决定了普希金在这所学校不会是一名好学生，在父亲眼中是逆子。

他在学校期间就因叛逆而闻名，并不断地写下了反对当时沙皇统治的强而有力的诗篇。虽然校方对此十分恼怒，但最终因为他的名气和才华才不得不让他毕业。而走向社会后，诗人的正义感和天生的叛逆性格让他继续与当时沙俄统治的黑暗政治势力斗争。他再次拿起了笔，写下了一篇篇揭露社会的黑暗、颂扬真理和自由的不朽诗篇。

普希金藐视沙皇政府，他那独立不羁、桀骜不驯的反叛性格必然为沙皇政府所不容。沙皇政府一直将普希金视为眼中钉，只是由于这位诗人在民众中的名望，才没有对他下毒手。尽管普希金不畏沙皇淫威，但他毕竟势单力孤，要真正摆脱沙皇的魔掌是不可能的。沙皇政府不敢公开算计普希金，却在暗地里酝酿着更大的阴谋。

1831 年，普希金与比他年轻十几岁、美丽的姑娘冈察洛娃结婚。后来一名叫丹特士的法国军官受沙皇指使对冈察洛娃不怀好意，并由此制造流言蜚语来中伤普希金。有着诗化性格与叛逆性格的普希金自然不能接受妻子的名字和别人的名字联系在一起。他在忍无可忍的情况下，向丹特士提出了决斗的挑战。而这场"秀才遇到兵"的决斗的结果自然就不用说了，在 1831 年 2 月的一个冬日，普希金走完了自己 38 年的人生旅途。

普希金的性格和他作品中充满了反叛，令专制沙皇对他没有办法。作为诗人，他追求的诗化的境地也成为他的性格、人格的重要组成部分。这种性格决定了诗人的命运走向，决定了诗人以决斗结束自己短暂一生的、令人叹息的悲剧结局。

自私性格：一己之利终不成大事

"自私"指的是只顾自己的利益，不顾他人、集体、国家和社会的利益。常有自私、自利、损人利己、损公肥私等说法。自私有程度上的不同，轻微一点是计较个人得失、有私心杂念、不讲公德；严重的则表现为为达到个人目的侵吞公款、诬陷他人、杀人越货、铤而走险。

自私之心是万恶之源，贪婪、嫉妒、报复、吝啬、虚荣等病态社会心理，从根本上讲都是自私的表现。

自私是一种近似本能的欲望，处于一个人的心灵深处。人有许多需求，如生理的需求、物质的需求、精神的需求、社会的需求等。需求是人的行为的原始推动力，人的许多行为就是为了满足自身需求。

凡自私的人，他们都有这样的一种反社会心理，即"人不为己，天诛地灭""宁肯我负天下人，不愿天下人负我""公家的事小，自己的事大""有权不用，过期作废""利人者是傻子，利己者是聪明人"……他们面对利益，首先想到的永远都是他们自己，甚至不惜利用一切的手段来夺取他人应得的利益，从而达到他们损人利己的目的。自私的人不懂得付出，他们永远都在算计自己的得失，因此，他们没有朋友，也得不到别人的真心。

一个自私的人，常常会给别人带来伤害，但他们不知道，他们在用自私伤害别人的同时，其实也是在伤害自己。

有这样一个真实的故事。

战争结束后，一个美国士兵打完仗后回到国内，在旧金山旅馆里他辗转反侧，夜不能寐。午夜，他给家中的父母打了一个电话。

"爸爸，妈妈，我要回家了。但是我要你们帮一个忙，我要带一个朋友一起回来。"

"当然可以。"父母亲回答说，"我们见到他会很高兴的。"

"但是，有件事一定要告诉你们，他在那可恶的战争中踩响了一个地雷，受了重伤，他成了残疾人，少了一条腿和一只手。他已无处可去，我希望他能和我们住在一起。"

"我们为他感到遗憾。孩子，我们帮他另找一个地方住下，好吗？"

"不，他只能和我们住在一起。"

"孩子，你不知道，这样他会给我们造成多大的拖累，我们有我们的生活。孩子，你自己一个人回家来吧。他会有活路的……"话没说完，儿子的电话就断了。

父母在家等了许多天，未见儿子回来。一个星期后，他们接到警察局来的电话，被告知他们的儿子跳楼自杀了。悲痛欲绝的父母飞到旧金山，在停尸房内，他们认出了他们的儿子。他们惊愕地发现：他们的儿子少了一条腿、一只手。

自私的性格能让一个人失去他人的信任，并且这种损失无法挽回。一个人不管有什么优秀的性格，若是自私，他终将因为自私而付出沉痛的代价。

李广是在汉朝封建统治阶级同匈奴贵族之间长期战争中涌现出来的著名将领，他历事文、景、武3代皇帝，一生身经百战，出生入死，饱经风霜，功绩卓著。在长期驻守汉朝边郡、维护地主阶级中央集权、保卫社会经济发展方面作出了很大贡献。但是他自私自利的性格使得他虽战绩显赫，却始终未能封侯。

公元前166年，匈奴大举进攻汉朝，曾打至汉朝的回中宫（今陕西陇县）和甘泉宫（今陕西淳化）。在此之际，李广以"良家子"

的身份，投身从戎。当匈奴进攻萧关时，他参加了同匈奴的战斗，并射杀了不少匈奴骑兵。为此，汉文帝封他为郎中，率骑士侍奉皇帝，这时李广大约20岁。

景帝时，7个诸侯王打着"诛晁错、清君侧"的旗号，发动武装叛乱。景帝派太尉周亚夫率领大军前去讨伐，很快就平定了。此时，李广正在周亚夫手下做骁骑都尉。他英勇善战，一举夺得了叛军的旗帜，再立战功。当时，景帝的弟弟梁孝王为了表彰李广的战功，特意授给他将军的勋衔和印信，李广接受了。但是，李广身为西汉朝廷的命官，私自接受诸侯王的封赏，这是汉朝法律所不允许的。所以，回到长安以后，李广没有得到汉朝的封赏。不久，他被调出长安，到上谷郡担任太守。

汉武帝即位时，李广已是不惑之年，汉武帝将他调回长安任职，而此时匈奴单于听说李广英勇善战，便集中优势兵力，要活捉李广。李广有一次出了雁门，遇到匈奴骑兵的主力，经过一番激战，李广几乎全军溃败，他自己受伤被俘。但后来趁匈奴不注意又逃了出来。

匈奴兵很快又继续发动攻势。汉军四面受敌，死伤过半，形势危急。李广命令军士拉弓上弦，瞄准目标，引而不发。他接连射杀几个冲在最前面的副将，匈奴的攻势缓和下来，战斗也暂停。第二天，张骞率领一万骑兵赶到，匈奴便自动撤退。

在这次战役中，李广陷入重围，损失过多，虽重创匈奴骑兵，但功过相抵，既没有封赏，也未受处罚，李广此时已年过花甲，须发斑白，他一生征战，却始终未封侯。唐代诗人陈子昂曾经写诗感慨此事："何知七十战，白首未封侯。"

公元前119年，汉武帝派卫青、霍去病征战匈奴。李广向汉武帝请战，几经周折，才任命他为前将军。汉武帝曾授意卫青，说李广运气不好，如果让他跟匈奴正面交锋，难免失败。作战中，卫青有意调开他。李广带兵东路行进，迷失了道路，耽误了与卫青会师的约期。由于当时根据汉朝的法律，军队耽误了会师的约期是死罪，并且还要受到刑审。李广接受不了自己戎马一生却还要被判刑，于是自刎而死。

有人说："卫青不败由天数，李广无功缘数奇。"运用运气的好坏、命数的奇偶来解释，是不恰当的。其实，这与他的个性也不无关系。

他私自接受梁孝王的勋衔和印信，以及为了封侯而争功斗气，都说明他性格中的自私，也正是他的这种自私的性格让他最终没有得到汉武帝的信任，也为他的戎马一生留下了一个抹不去的污点。

懦弱性格：畏缩在阴暗的角落

懦弱性格的人胆小怕事，遇事好退缩，容易屈从他人。懦弱甚至会发展成为逆来顺受，无反抗精神；进取心差，意志薄弱，害怕困难，在困难面前张皇失措；感情脆弱，经不起挫折和失败。一个人一旦形成懦弱性格后，往往从怀疑自己的能力到不能表现自己的能力，从怯于与人交往到孤僻地自我封闭，而由此形成的不良人际关系反过来又会加深懦弱。

其实，我们每个人的性格中或多或少都有懦弱的成分存在。我们往往在困难和灾祸面前退缩，但能鼓起勇气坦然面对失败和挫折的就是勇敢与坚强的人，相反，被失败击倒的就是懦弱的人。

历史没有给南唐留下一个英明的帝王，却给世人留下了一个至情至性的悲情词人。

961 年，25 岁的李煜在金陵即位，当时有许多问题摆在他的面前，赵匡胤的大宋王朝在北方虎视眈眈，年轻的李煜以为，只要自己不对大宋有什么威胁，并且以臣子的地位年年向大宋进贡，也许赵匡胤就会大发慈悲，让自己偏安江南一隅，做个吟风弄月、自由自在的帝王。

在多次的政治较量中，只会吟诗作赋的李煜哪是久经沙场

的赵匡胤的对手，穷途末路之际只得屡屡派人前去求和。李煜
太天真了，他以为自己的懦弱能够打动宋太祖。赵匡胤说，"天
下一家，只能有一位天子，我的卧榻旁边，怎么能够容忍他人
鼾睡？"李煜懦弱的性格让他在政治上做了一个亡国之君，而
与此同时，他做帝王及亡国的经历又成为他凄美诗词的素材来
源，也是他一生悲情的写照。

后来，李煜也认识到了自己的性格懦弱并写诗表示深刻追悔：
"四十年来家国，三千里地山河。凤阁龙楼连霄汉，玉树琼枝作烟萝，
几曾识干戈？一旦归为臣虏，沈腰潘鬓消磨。最是仓皇辞庙日，
教坊犹奏别离歌，垂泪对宫娥。"

几乎每一种性格都有自己的优点和缺点，至关重要的一点就
在于对事业的选择。懦弱的性格选择政界和军界，无疑将一事无成，
甚至还会铸就命运的悲剧。政界需要刚毅坚忍的性格，军界需要
勇猛顽强的性格，这一切与懦弱的性格格格不入。这是性格的差异，
不是智慧的高低，读书学习可以很快提高人的智慧，但要改变一
种性格却需要漫长的过程。

那么，懦弱性格是否就注定一事无成呢？

事实证明并不是这样！

性格懦弱的人常常情感丰富、观察敏锐、感情细腻，他们是
天生的文学艺术之才。在文学艺术的世界里，这一被人们唾弃的
性格找到了理想的归宿，他们如鱼得水，任性畅游。像卡夫卡就
找对了自己的职业。

这位伟大的作家生为男儿身，却没有任何男子汉的气概和气
质。在他身上根本找不到那种知难而进、宁折不弯、风风火火、
刚烈勇敢的男子汉追求的独立精神，更谈不上清风傲骨了。他短
暂的一生没有独立性，只有依赖性，他一直对父母有比较强的依
赖性。因此，卡夫卡身上最为突出的性格特征是懦弱，是一种男
人身上少见的懦弱。

卡夫卡懦弱的性格是他的家庭造成的，或者说是后天他的父

母塑造的。

1883 年，卡夫卡出生在奥匈帝国所辖布拉格的一个犹太商人家庭。父母给他起名"卡夫卡"。

在当时，犹太人的地位是十分低下的，而且这个姓氏是强加给犹太人的，并且带有骂人的贬义。卡夫卡就是出生在这样一个地位低下的犹太人家庭，而且他的名字本身就意味着一种被压迫的屈辱。

卡夫卡的父亲出身贫寒，仅靠一家小商店来维持生计，在那样一个动荡的年代里，一方面没有任何的社会地位，另一方面经济状况十分窘迫，过着捉襟见肘的日子。然而，对卡夫卡来说，生活上的艰辛与困苦似乎是可以忍受的，给他幼小心灵留下累累的、终生难以治愈创伤的是父亲对他无休止的粗暴。卡夫卡一生都无法理解父亲对他的粗暴与专横。

年幼的卡夫卡日复一日地这样生活着。生活上的每一个细节、每一件小事对他来说都可能是一个不大不小的灾难，都可能成为父亲发火，乃至大发雷霆的借口。有些时候，父亲对他发的火让他不知所措，弄得他左右为难，对干什么事情都没有把握，从根本上丧失了自信心。他的父亲本来想利用他所设想的那种军队式的、高压的方式，达到他教育子女成才的目的，但他的叫骂、恐吓等，不但没有把卡夫卡造就成他热切盼望的男子汉，反而使他一步步逃离现实世界，性格变得格外懦弱。

紧张、压抑、犹豫环境中成长的卡夫卡完全失去了自信心，也逐步丧失了自我，什么事情都显得动摇不定、犹豫不决。这种环境使卡夫卡早早地产生了逃离现实生活的想法。现实生活对他实在太冷漠了，只有在他的非现实世界——内心世界里，他似乎才能摆脱现实世界的烦恼。

犹太人的社会境地和备受排斥、压迫的现实，也在卡夫卡幼小的心灵上留下了创伤。随着年龄的增长，卡夫卡愈发感觉周围的一切是那么不可抗拒、不可改变，而只有在他的内心深处，在他自己用想象构造的世界里，他才能找到少许宁静和安慰。这种逃遁实际上是对现实生活的一种反抗，只是这种反抗和卡夫卡的性格一样，是非常软弱的。

卡夫卡直到进入学校依然保持着这种非常懦弱的性格，很少与人交往，也没有朋友，整天活在自己的世界里。可幸运的是，这时的他开始接触文学，并对此产生了浓厚的兴趣，阅读和写作占据了他的大部分时间。

卡夫卡的懦弱让他选择了逃避，逃向他钟爱的文学。文学，不仅是卡夫卡心灵的家园，也是他生命中的唯一选择。文学是他的王国，在那里，人们处处可以看到卡夫卡的影子。只有文学，只有在文学的王国里，人们才能够看到卡夫卡有了勇气，摆脱了懦弱。

是的，懦弱的卡夫卡选择了并不懦弱的事业，并且取得了并不懦弱的成就。因此，对一切懦弱者来说，没有必要去放弃。

下篇

好习惯

第一章
习惯就在我们身边

世界上最可怕的力量是习惯，世界上最神奇的力量也是习惯，人的行为绝大部分都是习惯造成的，一旦形成了习惯，就没有了中间过程。

习惯的力量无比巨大

习惯的力量是巨大的。1873 年，美国发明家克利斯托弗发明了世界上第一台打字机，键盘完全是按照英文字母的顺序排列的。慢慢地，他发现打字的速度一旦加快，键槌就很容易被卡住。他的弟弟给他出了一个主意，建议他把常用字的键符分开布局，这样每次击键的时候，键槌就不会因为连续击打同一块区域而卡死。经过这样不规则的排列后，卡键的次数果然大大减少，但同时打字速度也减慢了。在推销打字机的时候，在利润的驱动下，克利斯托弗对客户说，这样的排列可以大大提高打字速度，结果所有人都相信了他的说法。现在，人们已经习惯了这样的键盘布局，并始终认为这的确能提高打字速度。

国外一些数学家经过研究得出结论，目前的排列是最笨拙的一种，凭借目前的技术已经解决了卡键问题，可现在出现第二种排列的键盘似乎不太可能，因为人们都习惯了。在强大的习惯面前，科学有时也会变得束手无策。

说起来你可能不信，一根矮矮的柱子，一条细细的链子，竟能拴住一头重达千斤的大象，可这令人难以置信的景象在印度和泰国随处可见。原来那些驯象人在大象还是小象的时候，就用一条铁链把它绑在柱子上。由于力量尚未长成，无论小象怎样挣扎都无法摆脱锁链的束缚，于是小象渐渐地习惯了而不再挣扎，直到长成了庞然大物，虽然它此时可以轻而易举地挣脱链子，但是大象依然选择了放弃挣扎，因为在它的惯性思维里，它仍然认为摆脱链子是永远不可能的。

小象是被实实在在的链子绑住的，而大象则是被看不见的习惯绑住的。

可见，习惯虽小，却影响深远。习惯对我们的生活有绝对的影响，因为它是一贯的。在不知不觉中，习惯经年累月地影响着我们的品德，决定我们的思维和行为方式，左右着我们的成败。看看我们自己，看看我们周围，好习惯造就了多少辉煌成果，而坏习惯又毁掉了多少美好的人生！习惯一旦形成，就极具稳定性。生理上的习惯左右着我们的行为方式，决定我们的生活起居；心理上的习惯左右着我们的思维方式，决定我们的接人待物。当我们的命运面临抉择时，是习惯帮我们做的决定。

习惯是个什么东西

狗家族出了一条很有志气、很有抱负的小狗，它向整个家族宣布：要去横穿大沙漠，所有的狗都跑来向它表示祝贺。在一片欢呼声中，这只小狗带足了食物、水，然后上路了。3天后，突然传来了小狗不幸牺牲的消息。

是什么原因使这只很有理想的小狗牺牲了呢？检查食物，还有很多；水不足吗？也不是，水壶还有水。后来经过研究，终于发现了小狗牺牲的秘密——小狗是被尿憋死的。

之所以被尿憋死是因为狗有一个习惯——一定要在树干旁撒尿。由于大沙漠中没有树，也没有电线杆，所以可怜的小狗一直憋了3天，终于被憋死了。

狗是如此，人呢？

狗是习惯的动物，同样人也是习惯的动物，习惯中的高级动物。

一个人的行为方式、生活习惯是多年养成的。比如，与人交往的形式、与人沟通的方式、与人相处的模式……都是多年习惯累积慢慢成型的。孔子在《论语》中提到："性相近，习相远也。""少小若无性，习惯成自然。"意思是说，人的本性是很接近的，但由于习惯不同便相去甚远；小时候培养的品格就好像是天生就有的，长期养成的习惯就好像完全出于自然。

一句俗话说："贫穷是一种习惯，富有也是一种习惯；失败是一种习惯，成功也是一种习惯。"如果你重视观念和思考，那么，你对此可能会有一些同感。

习惯也称为惯性，是宇宙共同法则，具有无法阻挡的一股力量。"冬天来了，春天还会远吗？"这就是无法阻挡的一股力量；苹果离开树枝必然往下掉，同样是具有无法阻挡的一股力量。

没有惯性则没有力量，例如，静止的火车，要防止其滑行只需在每个驱动轮面前放一块 1 寸厚的木头就行了，但如果火车以每小时 100 公里的速度行驶的话，哪怕是一堵 5 尺厚的钢筋水泥墙也无法阻挡，可见惯性的力量多么巨大！

我们可以对"习惯"下一个定义：所谓的"习惯"，就是人和动物对于某种刺激的"固定性反应"，这是相同的场合和反应反复出现的结果。所以，如果一个人反复练习饭前洗手的话，那么这个行为就会融合到他更为广泛的行为中去，成为"爱清洁"的习惯。

习惯是某种刺激反复出现，个体对之做出固定性反应，久而久之形成的类似于条件反射的某种规律性活动。它包括生理和心理两方面，即能够直接观察及测量的外显活动和间接推知的内在心理历程——意识及潜意识历程。而且，心理上的习惯，即思维定势一旦形成，则更具持久性和稳定性，在更广泛的基础上，就成了性格特征。

第二章

成也习惯，败也习惯

习惯，是一个人思想与行为的真正领导者。习惯让我们减少思考的时间，简化行动的步骤，让我们更有效率；也让我们封闭保守、自以为是、墨守成规。在我们的身上，好习惯与坏习惯并存。获得成功的过程就取决于好习惯的多少，所以说，人生仿佛就是一场好习惯与坏习惯的拉锯战。把良好的习惯坚持下来就意味着踏上了成功的列车，把坏习惯坚持下来就意味着最终的结局是失败。

习惯能够成就一个人，也能够摧毁一个人

有一个猎人，他在一次打猎中捡回一只老鹰蛋，回到家里，他把老鹰蛋和母鸡正在孵的鸡蛋放在一起。

没过多久，小鹰和小鸡一起出世了。在母鸡的照顾下，小鹰很开心地和小鸡们生活在一起。

小鹰当然不知道自己是一只鹰，它和小鸡们一样学习鸡的各种生存本领。母鸡也不知道它是一只鹰，母鸡像教育其他小鸡那样教育小鹰。这只小鹰一直按照鸡的习惯生活。

在它们生活的地方，不时有老鹰从空中飞过。每当老鹰飞过时，小鹰就说："在天空飞翔多好啊，有一天我也要那样飞起来。"

听它这么说，母鸡每次都要提醒它："别做梦了，你只是一只小鸡！"

其他小鸡也一起附和："你只是一只鸡，你不可能飞那么高！"

被提醒的次数多了，小鹰终于相信它永远不可能飞那么高。小鹰再看到老鹰飞过时，它便主动提醒自己："我是一只小鸡，我不可能飞那么高。"

就这样，这只鹰到死那一天也没有飞翔过——虽然它拥有翱翔蓝天的翅膀和体格。

可见，习惯虽小，却影响深远。你可以遍数名载史册的成功人士，哪一个人没有几个可圈可点的习惯在影响着他们的人生轨迹呢？当然，习惯人人都有，我们的惰性和惯性会使我们不止一次地重复某些事情，而经常反复地做也就成了习惯，比如爱笑的习惯、吝啬的习惯，甚至于饭前洗手的习惯，等等。习惯有大有小，有好有坏，林林总总。

习惯决定命运。这里面隐藏着人类本能的秘诀。

看看我们自己，看看我们周围，看看芸芸众生，好习惯造就了多少辉煌成果，而坏习惯又毁掉了多少美好的人生！习惯一旦形成，它就极具稳定性，心理上的习惯左右着我们的思维方式，决定我们的待人接物；生理上的习惯左右着我们的行为方式，决定我们的生活起居。日常的生活本身就是习惯的反复应用，而一旦遇上突发事件，根深蒂固的习惯更是一马当先地冲到最前面，所以，当我们的命运面临抉择时，是习惯帮我们做的决定。

事物总是一分为二，凡事都有其两面性。习惯也是一样，有正面就有负面。正面的是好习惯，好习惯有助于我们的成功；而负面的是坏习惯，坏习惯则导致我们的失败。

例如，礼貌是一种好习惯，走到哪里都能够彬彬有礼、以礼相待的人一定会深受欢迎，拥有这种习惯的人则容易成功；相反，失礼就是一种坏习惯。

微笑是一种习惯，可以预先消除许多不必要的怨气，化解许多不必要的争执，而老是板着面孔的人走到哪里都会制造紧张气氛。

所以说，习惯决定命运。习惯是通往成功最实际的保证，习惯也是通向失败最直接的通道。

卓越是一种习惯，平庸也是一种习惯

在我们的工作和生活中，有很多效率低下的例子。例如有些人只知道一味地例行公事，而不顾做事的实际效果；他们总是采取一种被动的、机械的工作方式。在这种状态下工作的人，往往缺乏主观能动性和创造性，在工作中不思进取、敷衍塞责，总是为自己找借口，无休止地拖延……

另一方面，我们也可以看到很多做事高效的例子。例如有些人做事注重目标，注重程序，他们在工作中往往采取一种主动而积极的方式。他们工作起来对目标和结果负责，做事有主见，善于创造性地开展工作；工作中出现困难的时候会积极地寻找办法，勇于承担责任，无论做什么总是会给自己的上司一个满意的答复。

举一个例子来说吧，某公司的一位服务秘书接到服务单，客户要装一台打印机，但服务单上没有注明是否要配插线，这时，服务秘书有3种做法：

（1）开派工单。

（2）电话提醒一下商务秘书，看是否要配插线，然后等对方回话。

（3）直接打电话给客户，询问是否要配插线，若需要，就配齐给客户送过去。

第一种做法，可能导致客户的打印机无法使用，引起客户的不满；第二种做法，可能会延误工作速度，影响服务质量；第三种做法，既能避免工作失误，又不会影响工作效率。

显然，第三种做法就是一个高效做事的例子。

高效能人士与做事缺乏效率的人的一个重要区别在于：前者是主动工作、善于思考、主动找方法的人，他们既对过程负责，又对结果负责；而后者只是被动地等待工作，敷衍塞责，遇到困难只会抱怨，寻找借口。

另外，高效能人士不仅善于高效工作，同时也深谙平衡工作与生活的艺术。他们既不会为工作所苦，也不为生活所累。他们不是一个不重结果、被动做事的"问题员工"，也不是一个执着于工作，忽视了生活、整日为效率所苦的"工作狂"。

一个游刃于工作与生活之中的高效能人士应当具备很多素质，比如做事有目标、能够正确地思考问题、是一个解决问题的高手、重视细节、高效利用时间、勇于承担责任、不找借口、正确应对工作压力、善于把握工作与生活的平衡、善于沟通交际、拥有双赢思维，等等。

一位哲人说过："播下一种思想，收获一种行为；播下一种行为，收获一种习惯；播下一种习惯，收获一种性格；播下一种性格，收获一种命运。"要不断提升自己的素质，做一名合格的高效能人士，就要养成正确的工作和生活的习惯。

成功的习惯重在培养

美国学者特尔曼从 1928 年起对 1500 名儿童进行了长期的追踪研究，发现这些"天才"儿童平均年龄为 7 岁，平均智商为 130。成年之后，又对其中最有成就的 20% 和没有什么成就的 20% 进行分析比较，结果发现，他们成年后之所以产生明显差异，其主要原因就是前者有良好的学习习惯、强烈的进取精神和顽强的毅力，而后者则甚为缺乏。

习惯是经过重复或练习而巩固下来的思维模式和行为方式，例如，人们长期养成的学习习惯、生活习惯、工作习惯等。习惯养得好，终身受其益；少小若无性，习惯成自然。习惯是由重复制造出来，并根据自然法则养成的。

孩子从小养成良好的习惯，能促进他们的生长发育，更好地获取知识，发展智力。良好的学习习惯能提高孩子的活动效率，保证学习任务的顺利完成。从这个意义上说，它是孩子今后事业成功的首要条件。

但是习惯是从哪里来的呢？

习惯是自己培养起来的。当你不断地重复一件事情，最后就有了应该和不应该，开始形成了所谓的真理，但是你还有更多的事情没有接触到。

习惯应该是你帮助自己的工具，你需要利用自己的习惯来更好地生活，如果哪个习惯阻碍了你实现这样的目标，那么就该抛弃这样的坏习惯。

下面是培养良好习惯的过程与规则：

（1）在培养一个新习惯之初，把力量和热忱注入你的感情之中。对于你所想的，要有深刻的感受。记住：你正在采取建造新的心灵道路的最初几个步骤，万事开头难。一开始，你就要尽可能地使这条道路既干净又清楚，下一次你想要寻找及走上这条小径时，就可以很轻易地看出这条道路来。

（2）把你的注意力集中在新道路的修建工作上，使你的意识不再去注意旧的道路，以免使你又想走上旧的道路。不要再去想旧路上的事情，把它们全部忘掉，你只要考虑新建的道路就可以了。

（3）可能的话，要尽量在你新建的道路上行走。你要自己制造机会来走上这条新路，不要等机会自动在你跟前出现。你在新路上行走的次数越多，它们就能越快被踏平，更有利于行走。一开始，你就要制订一些计划，准备走上新的习惯道路。

（4）过去已经走过的道路比较好走，因此，你一定要抗拒走上这些旧路的诱惑。你每抵抗一次这种诱惑，就会变得更为坚强，下次也就更容易抗拒这种诱惑。但是，你每向这种诱惑屈服一次，就会更容易在下一次屈服，以后将更难以抗拒诱惑。你在一开始就面临一次战斗，这是重要时刻，你必须在一开始就证明你的决心、毅力与意志力。

（5）要确信你已找出正确的途径，把它当作是你的明确目标，然后毫无畏惧地前进，不要使自己产生怀疑。着手进行你的工作，不要往后看。选定你的目标，然后修建一条又好、又宽、又深的道路，直接通向这个目标。

你已经注意到了，习惯与自我暗示之间存在着很密切的关系。根据习惯而一再以相同的态度重复进行的一项行为，我们将会自动地或不知不觉地进行这项行为。例如，在弹奏钢琴时，钢琴家可以一面弹奏他所熟悉的一段曲子，一面在脑中想着其他的事情。

自我暗示是我们用来挖掘心理道路的工具，"专心"就是握住这个工具的手，而"习惯"则是这条心理道路的路线图或蓝图。要想把某种想法或欲望转变成为行动或事实，之前必须忠实而固执地将它保存在意识之中，一直等到习惯将它变成永久性的形式为止。

第三章
高效能人士的 10 个习惯

人生之路是漫长的，但最关键的始终是关于事业的几步。然而，正是这看起来似乎很容易的几步，却左右着每个人一生的成与败、荣与辱、福与祸、得与失，最终决定了每个人命运的幸与不幸。有的人之所以能成为幸运的宠儿，可以比别人更早地实现成功的目标，是因为他们具有很多良好的习惯，有效地把握了人生的紧要之处，更好地走过了人生中最为关键的几步路。

在行动前设定目标

IBM 公司的创始人托马斯·约翰·沃森说过："有两种人永远无法超越别人：一种人是只做别人交代的工作，另一种人是做不好别人交代的工作。"哪一种情况更令人丧气，实在很难说。总之，他们会成为第一个被裁员的人，或是在同一个单调而卑微的工作岗位上耗费终生的精力。

沃森先生所指的两种人心中都没有十分明确的目标。等待他们的将是卑微的职位和庸碌的人生。阿尔伯特·哈伯德先生说过，如果你并不想从工作中获得什么，那么你只能在漫长的职业生涯的道路上无目的地漂流。只有目标在前方召唤，才会有进取的动力。在《爱丽斯漫游奇境记》中，小爱丽斯问小猫咪："请你告诉我，我应该走哪条路呢？"

猫咪说："这在很大程度上看你要去什么地方。"

"去哪儿我都无所谓。"爱丽斯说。

"那么你走哪条路都可以。"猫咪回答道。

"这……那么，只要能到达某个地方就可以了。"爱丽斯补充道。

"亲爱的爱丽斯，只要你一直走下去，肯定会到达那里的。"

现实中，像爱丽斯那样去哪里都无所谓的员工大有人在。他们在工作中标榜努力工作，勤奋学习，但却从来没有一个工作目标，更谈不上职业规划。他们机械地工作，这种工作状态是永远无法达到最高效率的。可以毫不过分地说，他们个人的发展会因此走更多的弯路，因为一个人从平凡到卓越的前提是确定工作的目标。

世界一流效率提升大师博恩·崔西说："成功最重要的前提是知道自己究竟想要什么。成功的首要因素是制订一套明确、具体而且可以衡量的目标和计划。"

我们每个人都渴望成功，都渴望实现财务自由，都渴望干自己想干的事，去自己想去的地方。但是要成功就要达成自己设定的目标或是完成自己的愿望；成功就是实现自己有意义的既定目标。否则，成功是不现实的。

在这个世界上有这样一种现象，那就是：没有目标的人在为有目标的人达到目标。因为没有目标的人就好像没有罗盘的船只，不知道前进的方向，有明确、具体目标的人就好像有罗盘的船只一样，有明确的方向。在茫茫大海上，没有方向的船只只有跟随着有方向的船只走。

有目标未必能够成功，但没有目标的人一定不能成功。博恩·崔西说："成功就是目标的达成，其他都是这句话的注解。"现实中那些顶尖的成功人士不是成功了才设定目标，而是设定了目标才成功。

美国哈佛大学对一批大学毕业生进行了一次关于人生目标的调查，结果如下：

27%的人没有目标，60%的人目标模糊，10%的人有清晰而短暂的目标，3%的人有清晰而长远的目标。

25年后，哈佛大学再次对这批学生进行了跟踪调查，结果是：那3%的人，25年间始终朝着一个目标不断努力，几乎都成为社会各界成功人士、行业领袖和社会精英；10%的人，他们的短期目标不断实现，成为各个领域中的专业人士，大都生活在社会中上层；60%的人，他们过着安稳的生活，也有着稳定的工作，却没有什么特别的成绩，几乎都生活在社会的中下层；剩下27%的人，生活没有目标，并且还在抱怨他人，抱怨社会不给他们机会。

生命是可贵的，但是只有在它还有一些价值的时候去做应该做的事，去实现自己的目标，人生才会有意义。

在生命中没有一个中心目标的人，很容易受到一些微不足道的情绪诸如忧虑、恐惧、烦恼和自怜等的困扰。所有这些情绪都是软弱的表现，都将导致无法回避的过错、失败、不幸和失落。在竞争日趋激烈的现代化社会，这只能导致一个人工作效能和生活质量的下降。甚至会影响到一个人的身体健康。一位美国的心理学家发现，在为老年人开办的疗养院里，有一种现象：每当节假日或一些特殊的日子，像结婚周年纪念日、生日等来临的时候，死亡率就会降低。他们中有许多人为自己立下一个目标：要再多过一个圣诞节、一个纪念日、一个国庆日，等等。等这些日子一过，心中的目标、愿望已经实现，继续活下去的意志就变得微弱了，死亡率便立刻升高。

那么，我们在为自己设定行动目标的时候要注意哪些问题呢？

1. 制订中程目标

明确可行的目标可以引发一个人的活动，提高他的执行效能。订立中程目标往往是最能克服挑战的方法，因为中程目标是一种更能鼓舞人，也更激励人的过程，这也是一个人能否成功的一个关键。

目标必须实在，而且不要太遥不可及，应该是在达得到的范围内。千万不要以为自己可以在一天内完成所有的事。因此，如果你想成为一个高效能的职场人士，无论做什么事，首先要立足现实，为自己制订一个可行的中程目标。

已故网球名将亚瑟·艾伦早年也有类似的经验。艾伦是打破网球界人种限制的唯一特例，在他之前，网球界一直是白人的天下；艾伦在他的生命后期，全力与艾滋病对抗，以唤起人们对这个世纪病毒更大的重视与关切。

他的一生可说是一连串设定并达到目标的过程。

艾伦一生都坚持这样一个理念："每次你订立一个目标，然后完成那个目标，就是一种不断增强自信的过程。"他经常为自己制订中程目标，一旦达成那个目标，他就再订一个新的目标。

艾伦就是运用这种订立目标的方法，登上了网球王座。他说："我早年的几位教练常订下清楚明确的目标，这正是我愿意遵循的。这些目标不见得一定要像赢得巡回赛这么重大。而是将一些有待克服的困难、近期内需要努力的方面订为目标，如果这些目标一个个地实现了，我们距离自己的最终目标就会越来越近。并不是只有赢得巡回赛才可以作为目标。往往一些小目标渐渐地一个个达成后，我自己都会意外地发现：'嘿！我距离得大奖已经越来越接近了。'"

艾伦一直以这种方式参加高难度的比赛。他说："参加巡回赛，你总想能进入复赛。比赛时，你总希望漏接的反手球不超过某个数字。或者是你必须锻炼体力到一定的程度，天气太热时，你才不至于很快就感到疲倦。这样做，可以帮助你将争取成为世界第一或赢得巡回赛这类的远大目标，分解为几个较易达成的小目标。"

美国通用公司的董事长罗杰·史密斯在进入通用之初，只是一个名不见经传的财务人员。

罗杰初次去通用公司应聘时，只有一个职位空缺，而招聘人员告诉他，工作很艰苦，对一个新人会相当困难。他信心十足地对接见他的人说："工作再棘手我也能胜任，不信我干给你们看……"

在进入通用工作的第一个月后，罗杰就告诉他的同事："我想我将成为通用公司的董事长。"当时他的上司对这句话不以为然，甚至嘲笑他自不量力，逢人便说："我的一个下属对我说他将成为通用公司的董事长。"像上文的艾伦一样，罗杰将自己的目标逐步分解为一个个可以实现的中程目标，然后努力地逐一实现它。令他的上司没想到的是，若干年后，罗杰·史密斯真的成了世界上最大的商业帝国通用公司的董事长。

在我们为工作目标奋斗的过程中，不断地用中程目标激励自己是必不可少的一项内容。这时的激励，更多的是一种主观的行为，是一种内心的自我暗示。

不断地告诉自己，下一个目标是什么，不断为自己制订中程目标，可以让我们离自己心中的最高目标越来越近。

2. 发现你内心真正的需要

你在生活中真正想要的是什么？这个问题看起来很简单，但是意义深刻，它对成功目标的制订至关重要。

要得到生活中想要的一切，当然要靠努力和行动。但是，在开始行动之前，一定要搞清楚，什么才是自己真正想要的。要打发时间并不难，随便找点什么活动就可以应付，但是，如果这些活动的意义不是你设计的本意，那你的生活就失去了真正的意义。你能否提高自己的生活品质，并且使自己满足、有所成就，完全看你能否决定自己真正需要什么，然后能不能尽量满足这些需要。

生活中最困难的一个过程就是要搞清楚我们自己究竟想要什么。大多数人都不知道自己真正想要什么，因为我们不曾花时间来思考这个问题。面对五光十色的世界和各种各样的选择我们更不知所措，所以我们会不假思索地接受别人的期望来定义个人的需要和成功，社会标准变得比我们自己特有的需求还要重要。

我们总是太在意别人要我们这样或那样，以致我们下意识地接受了别人强加于我们的种种动机，结果，努力过后才发现自己的需求一样都没能满足。

更复杂的是，不仅别人的意见影响着我们的欲望，我们自己的欲望本身也是变幻莫测的。它们因为潜在的需要而形成，又因为不可知的力量日新月异。我们经常得到过去十分想要而现在却不再需要的东西。

如果有什么原因使我们总是得不到自己想要得到的东西的话，这个原因就是你并不清楚自己到底想要什么。就像在大海中航行，如果你不知道目的地是哪里，就只好遭受漂泊迷失之苦了。所以，在你决定自己想要什么、需要什么之前，不要轻易下结论，一定要先作一番心灵探索，真正地了解自己，把握自己的目标。只有这样，你才能在生活中满意地前进。

3. 制订目标要尽可能地伸展自己

定位决定人生。从某种意义上来说，一个人对自己将来有什么样的预期，他就会有什么样的人生。

一个炎热的日子，一群人正在铁路的路基上工作，这时，一列缓缓开来的火车打断了他们的工作。火车停了下来，最后一节车厢的窗户被人打开了，一个低沉的、友好的声音响了起来："乔治，是你吗？"乔治·安德森——这群人的负责人回答说："是我，杰克，见到你真高兴。"于是，乔治·安德森和杰克·菲尔德——铁路公司的总裁，进行了愉快的交谈。在长达一个多小时的愉快交谈之后，两人热情地握手道别。

乔治·安德森的下属立刻包围了他，他们对于他是铁路公司总裁杰克的朋友这一点感到非常震惊。乔治解释说，二十多年以前他和杰克是在同一天开始为这条铁路工作的。

其中一个人半认真半开玩笑地问乔治，为什么你现在仍在骄阳下工作，而杰克却成了总裁？乔治感慨良多地说："23年前我为一小时1.75美元的薪水而工作,而杰克却是为这条铁路而工作。"

提到2001年的亚洲首富孙正义,我们大家可能都不陌生。23岁那一年,他得了肝病,在医院住院期间,他读了4000本书,平均每年读2000本书。他大量地阅读,大量地学习。

在出院之后,他写了40种行业规划,但最后选择了软件业。事实上,他的选择是对的,软件行业使他成为了亚洲首富。选好行业之后,他开始创业。创业初期,条件艰苦,他的办公桌是用苹果箱拼凑而成的。他招聘了两名员工。有一次,他和两名员工一起分享他的梦想,他说:"我25年后要赚100兆日币,成为亚洲首富。"这是孙正义的梦想,但在两名员工看来却是件不可思议的事情。他们对孙正义说:"老板,请允许我们辞职,因为我们不想和一位疯子一起工作。"

事实上,孙正义的梦想实现了,他成为亚洲首富。如果他像上文中的乔治那样,为了一份一小时1.75美元的薪水工作,而不梦想成为亚洲首富的话,那么他无法取得这么大的成就。

有限的目标造就有限的人生,每个人对自己的未来都有一个定位,这个定位的高度直接决定着我们人生的高度。因此,当我们在为自己设定目标的时候,要尽量地伸展自己。那么,我们要如何勾勒自己未来的蓝图呢?

首先,你可以像上文中的孙正义那样,先为自己设立一个美好的远大的梦想,然后全心全意地去做。当然,如果你只是随手翻翻,不会对你有什么帮助。因此,你应当坐下来,用笔写下自己的梦想以及对未来的规划,然后制订切实可行的目标。

例如,你可以找一个让你觉得最舒服的地方,不管是你喜爱的书桌,或是角落里照得到阳光的桌子,只要能让你心静的地方,花一个多钟头好好计划一下你希望的未来。做些什么?看些什么?说些什么?成为什么?相信这会是你一生中最宝贵的时间。你要去学习如何设定目标和预测结果,你要画出一张人生旅程的地图,你要勾勒出自己的去向和行动的路径。

在这里，要注意一点就是不要为自己的梦想设限，但这并不意味着你可以脱离现实。孙正义在规划自己梦想的时候也是建立在大量地阅读、不断地思考和学习的基础上的。

查斯特·菲尔德爵士指出：有限的目标会造成有限的人生，所以在设定目标时，要尽量伸展自己。只有在精彩目标的指引下，我们才能够充分激发出自身的潜能，拥有高效能的工作和生活。

要事第一

要事第一是高效能人士的一项十分重要的习惯，区分正确地做事与做正确的事是要事第一的核心思想，其内涵是指我们在做事的过程中，做正确的事要比正确地做事更加重要。的确，如果我们的选择一开始就是一个错误，那么，无论过程再怎么完美也不会有什么好的结果。

1. 正确地做事与做正确的事

创设遍及全美的市务公司的亨瑞·杜哈提说，不论他出多少薪水，都不可能找到一个具有两种能力的人。这两种能力是：第一，能思想；第二，能按事情的重要程度来做事。因此，在工作中，如果我们不能选择正确的事情去做，那么唯一正确的事情就是停止手头上的事情，直到发现正确的事情为止。由此可见，做事的方向性是至关重要的。然而，在现实生活中，无论是企业的商业行为，还是个人的工作方法，人们关注的重点往往都在于前者：效率和正确做事。

实际上，第一重要的却是效能而非效率，是做正确的事而非正确做事。"正确地做事"强调的是效率，其结果是让我们更快地朝目标迈进；"做正确的事"强调的则是效能，其结果是确保我们的工作是在坚定地朝着自己的目标迈进。换句话说，效率重视的是做一件工作的最好方法，效能则重视时间的最佳利用——这包括做或是不做某一项工作。

"正确地做事"是以"做正确的事"为前提的，如果没有这样的前提，"正确地做事"将变得毫无意义。首先要做正确的事，然后才存在正确地做事。正确做事，更要做正确的事，这不仅仅是一个重要的工作方法，更是一种很重要的工作理念。任何时候，对于任何人或者组织而言，"做正确的事"都要远比"正确地做事"重要。

正确地做事与做正确的事是两种截然不同的工作方式。正确地做事就是一味地例行公事，而不顾及目标能否实现，是一种被动的、机械的工作方式。工作只对上司负责，对流程负责，领导叫干啥就干啥，一味服从，铁板一块，是制度的奴隶，是一种被动的工作状态。在这种状态下工作的人往往是不思进取、患得患失，不求有功、但求无过，做一天和尚撞一天钟，混着过日子。

而做正确的事不仅注重程序，更注重目标，是一种主动的、能动的工作方式。工作对目标负责，做事有主见，善于创造性地开展工作。这种人积极主动，在工作中能紧紧围绕公司的目标，为实现公司的目标而发挥人的能动性，在制度允许的范围内，进行变通，努力促成目标的实现。

正确地做事与做正确的事，这两种工作方式的根本区别在于：前者只对过程负责，后者既对过程负责又对结果负责；前者等待工作，后者是主动地工作。同样的时间，这两种不同的工作方式产生的区别是巨大的。

卡尔森钢铁公司总裁查理·卡尔森，为自己和公司的低效率而忧虑，于是去找效率专家史蒂芬·柯维寻求帮助，希望他能够为他提供一套思维方法，告诉他如何在短短的时间里完成更多的工作。

史蒂芬·柯维说："好！我10分钟就可以教你一套至少提高

效率 50% 的最佳方法。把你明天必须要做的最重要的工作记下来，按重要程度编上号码。最重要的排在首位，以此类推。早上一上班，马上从第一项工作做起，一直做到完成为止。然后用同样的方法对待第二项工作、第三项工作……直到你下班为止。即使你花了一整天的时间才完成了第一项工作，也没关系。只要它是最重要的工作，就坚持做下去。每一天都要这样做。在你对这种方法的价值深信不疑之后，叫你的公司的人也这样做。这套方法你愿意试多久就试多久，然后给我寄张支票，并填上你认为合适的数字。"

卡尔森认为这个思维方式很有用，不久就填了一张 25 000 美元的支票给史蒂芬·柯维。卡尔森后来坚持使用史蒂芬教授教给他的那套方法，5 年后，卡尔森钢铁公司从一个鲜为人知的小钢铁厂一跃成为最大的不需要外援的钢铁生产企业。卡尔森常对朋友说："我和整个团队坚持拣最重要的事情先做，我认为这是我的公司多年来最有价值的一笔投资！"

2. 做到要事第一的 7 个关键

那么我们在工作中如何提高自己的工作效能，做到要事第一呢？

（1）明确公司目标。

要做到要事第一，首先我们要明确公司的发展目标，站在全局的高度思考问题，这样可避免重复作业，减少犯错误的机会。

我们在工作中，必须理清的问题包括：我现在的工作必须做出哪些改变？可否建议我要从哪个地方开始？我应该注意哪些事情，避免影响目标的达成？有哪些可用的工具与资源？

（2）找出"正确的事"。

要实现要事第一，第二个关键就是要根据公司的发展目标找出"正确的事"。

工作的过程就是解决一个个问题的过程。有时候，一个问题会摆到你的办公桌上让你去解决。问题本身已经相当清楚，解决问题的办法也很清楚。但是，不管你要冲向哪个方向，想先从哪个地方下手，正确的工作方法只能是：在此之前，请你确保自己正在解决的是正确的问题——很有可能，它并不是先前交给你的那个问题。搞清楚交给你的问题是不是真正的问题，唯一的办法就是更深入地挖掘和收集事实，多问，多看，多听，多想，一般用不了多久，你就能搞清楚自己走的方向到底对不对。

（3）保持高度责任感。

一名高效能人士在工作中要时刻保持高度的责任感，自觉地把自己的工作和公司的目标结合起来，对公司负责，也对自己负责；最后，发挥自己的主动性、能动性，去推进公司发展目标的实现。

（4）学会说"不"。

一名高效能人士要学会拒绝，不让额外的要求扰乱自己的工作进度。

对于许多人来说，拒绝别人的要求似乎是一件难上加难的事情。拒绝的技巧是非常重要的职场沟通能力。在决定你该不该答应对方的要求时，应该先问问自己：我想要做什么？不想要做什么？什么对我才是最好的？

在作决定时我们必须考虑，如果答应了对方的要求是否会影响既有的工作进度，而且会因为我们的拖延而影响到其他人？而如果答应了，是否真的可以达到对方要求的目标。

（5）沟通增效。

沟通在提高工作效率中有着十分重要的作用，例如，工作中你可能会出现"手边的工作都已经做不完了，又丢给我一堆工作，实在是没道理"这样的抱怨，这时候如果你保持沉默，很可能会给老板留下办事不力的印象，所以，如果你的工作中出现了这种情况，你切不可保持沉默，而应该主动沟通，清楚地向老板说明你的工作安排，主动提醒老板排定事情的优先级，并认真聆听老板的意见，这样可大幅减轻你的工作负担。

老板是需要被提醒的。在工作中，我们应该时刻提醒自己，与老板的沟通是否充分，我们有没有适当地反映真实情况？如果我们不说出来，老板就会以为你有时间做这么多的事情。况且，他可能早就不记得之前已经交代给你太多的工作。

（6）过滤"次要信息"。

高效能人士应当学会有效过滤次要信息，让自己的注意力集中在最重要的信息上。

工作中我们经常会被铺天盖地的电子邮件搞得疲惫不堪，更可怕的是，它们常常会分散我们工作的注意力，为我们做正确的事带来很大的干扰，为此，我们应该学会如何有效过滤次要信息，将自己的注意力集中在最重要的信息上。一般来说，正确的过滤流程分为两个步骤：第一步是先看信件主旨和寄件人，如果没有让自己觉得今天非看不可的理由，就可以直接删除。这样至少可以删除50%的邮件；第二步开始迅速浏览其余的每一封信件的内容，除非信件内容是有关近期内（如两星期内）必须完成的工作，否则就可以直接删除。这样又可以再删除25%的信件。

（7）使用"优先表"。

要事第一要求我们在工作中要善于发现决定工作效率的关键要事，在第一时间解决排在第一位的问题，在这个问题上，怎样确立时下最需要解决的问题就成了问题的关键和难点所在。著名的逻辑学家布莱克斯说过："把什么放在第一位，是人们最难懂得的。"

一个人在工作中常常会被各种琐事、杂事所纠缠。有不少人由于没有掌握高效能的工作方法，而被这些事弄得筋疲力尽、心烦意乱，总是不能静下心来去做最该做的事，或者是被那些看似急迫的事所蒙蔽，根本就不知道哪些是最应该做的事，结果白白浪费了大好时光，致使工作效率不高，效能不显著。为此，每个人都应该有一个自己处理事情的优先表，列出自己一周之内急需解决的一些问题，并且根据优先表排出相应的工作进程，使自己的工作能够稳步高效地进行。

善于借助他人力量

俗话说：孤掌难鸣；独木不成桥。无论是游刃职场还是自主创业，我们必须寻求他人的帮助，借他人之力，方便自己。

有一句歌词唱得好，"千金难买是朋友，朋友多了路好走"。说的就是人脉。人脉就是人际关系网，就是你结交的好人缘，就是你在需要时，可以毫不犹豫开口求助的那些人。这是一个Teamwork（团队合作）的年代，如果你要成为一名高效能的人士，就必须养成善于借助他人力量的习惯，利用他人的优势来弥补自己的不足。

1. 正确界定"他人"

在中国，"他人"是一个泛泛的概念，没有一个明确的界定，而且这些"他人"大多都是你的陌路人、不太熟悉的人、关系很一般的人，他们大多不能实际地帮助你。"他人"中只有一种人能够实际地帮助你，那就是——朋友。你的亲朋好友，总是给你各种各样的帮助。你遇有危难或紧急情况，总是他们帮你排忧解难，度过危急时刻。或者当你吉星高照时，也是他们为你抬轿唱喏。朋友，是一个特定的圈子，圈子虽小，作用却难以估测。这有点像个小帮派，其实，社会的本质和特点就是相扶相携、相互帮助。

一个人，无论在工作、事业、爱情哪个方面，都离不开这种人与人之间的相互帮助。朋友之间更是如此。因为各人的能力有限，人际关系也有所不同，所以有必要相互帮助，彼此取长补短。在自然界也是这样，动物们相互协作，以有利于防备捕猎、取暖和生殖。

就社会和自然状况来看，孤单者是竞争不赢彼此协作的团体的。一个人在社会中，如果没有朋友，没有他人的帮助，他的境况会十分糟糕。普通人如此，一个成就大事业的人更是如此。如果失去了他人的帮助，不能利用他人之力，任何事业都无从谈起。

2. 用好人脉

有一位资深的人力资源管理者说过，以前，企业招募人才时，专业知识、学习能力是首要条件，但渐渐地，在知识经济时代，由于技术、知识迅速更新，光靠一个人的力量无法完成任务。一个人只有善于借助他人的力量，才能更好地提高自己的工作效能。

花旗银行是世界上最大的金融服务公司，在这个由许多"第一名"聚集而成的金字塔组织中，55岁的程耀辉、曹中仁两人，是企业金融处最年轻的副处长和副总裁，也是高层刻意培养的接班人。他们两人，一个主管电子中、下游产业的客户关系，另一个主管电子上游产业客户关系，平日往来的对象都是电子业各大老板与财务长们。一位花旗银行资深主管评论道：论聪明、论专业，大家都是一时之选，但是，他们的人脉竞争力却高人一筹。对内，可以服众；对外，则可以取得客户的信任，这是他们出线的原因。

杨力是一家跨国公司的财务主管，他将人脉看成自己事业成功的一个重要的桥梁。从边陲小镇到美国硅谷发展，杨力没有显赫的学历与家世背景，但如今他的身价已突破亿元，并身兼十几家科技公司董事长。问他成功的秘诀，他说，就是靠朋友。朋友越聚越多，机会也越来越多。很多的机会当初自己没想过，也没看到，这些都是机缘。杨力口中的"机缘"，在朋友眼中，其实是由重义气累积而来的。

3. 与他人展开良好的合作

香港著名的圣安娜饼店的创始人——霍世昌也是靠朋友的支持才得以发迹，这更加印证了"在家靠父母，出门靠朋友"这句古话。

如今已40岁的霍世昌是圣安娜饼店的创始人之一。屈指一算，这家饼店成立至今已有整整 18 年的历史了。他当时只是一个 22 岁的毛头小伙子，以此年纪做生意却取得了巨大的成功。当人们向他询问其中的秘密时，这位仍然显得幼稚的老板笑着回答道："我是靠借钱开饼店，靠朋友发财的。"由如此爽脆的答案中你应该明白朋友对于他的成功有何等重要的意义。

"当时我在电灯公司工作，是有关技术维修方面的。那时还未结婚，但已有女朋友，她很喜欢弄些点心、蛋糕之类食品，味道嘛，真是不错。她是跟一位师傅学习的。我便想，徒弟已经有此成绩，师傅当然更好，因此便萌生起开饼店的念头。然而那时的西饼业在香港并没有呈现出像现在的这种蓬勃势头。当想及这是有作为的生意，便跟她的师傅商量研究；我俩都赞成这个计划，但最重要的问题是资金缺乏，于是，便决定找朋友支持。于是我先是做出一份包含预算、地点、资金、经营方针等详细内容的可行性计划书，然后便找一朋友商量。当这位朋友看过后，他很顺利地接受了计划书。于是，我们三个人便成为合伙人，直至现在。"

当初靠借钱开饼店，现今每年都增设一间分店，1997 年香港回归后，霍记饼店的生意更红火了。

远亲不如近邻，利用好身边的人脉，将会对你的事业大有帮助。

年轻人要成就一番事业，养成良好的合作习惯是不可少的，尤其是在现代职场中，靠个人单打独斗的时代已经过去了，只有同别人展开良好的合作，才会使你的事业更加顺风顺水。如果你要成为一名高效能的职场人士，就应当养成善于借助他人力量的好习惯。

责任重于一切

生存意味着责任。每一个人都有自己的责任和使命，责任是一个人的立身之本，责任可以保证一个人的工作绩效和生活质量。

　　我们在工作和生活中常常发现，只有那些能够勇于承担责任的人，才能够赢得老板的赏识，才有可能被赋予更多的使命，才有资格获得更大的荣誉。一个缺乏责任感的人，或者一个不负责任的人，首先失去的是社会对自己的基本认可，其次失去了别人对自己的信任与尊重，甚至也失去了自身的立命之本——信誉和尊严。

　　社会学家戴维斯说："放弃了自己对社会的责任，就意味着放弃了自身在这个社会中更好生存的机会。"

　　责任是一种生存的法则。无论对于人类还是对于动物界，这都是一条不变的法则。

　　有这样的一个故事：

　　动物园里有三只狼，是一家三口。这三只狼一直是由动物园饲养的。为了恢复狼的野性，动物园决定将它们送到森林里，任其自然生长。首先被放回的是那只身体强壮的狼父亲，动物园的管理员认为，它的生存能力应该比其他两只强一些。

　　过了些日子，动物园的管理员发现，狼父亲经常徘徊在动物园的附近，而且看起来很饿，无精打采。但是，动物园并没有收留它，而是将幼狼放了出去。

　　幼狼被放出去之后，动物园的管理者发现，狼父亲偶尔带着幼狼回来几次，它的身体好像比以前强壮多了，幼狼也没有挨饿的样子。看来，公狼把幼狼照顾得很好，而且自己过得也很好。为了照顾幼狼，狼父亲必须得捕到食物，否则，幼狼就会挨饿。管理员决定把剩下的那只母狼也放出去。

　　这只母狼被放出去之后，这三只狼再也没有回来过。动物园的管理员想，这一家三口看来是在森林里生活得不错。后来，管理员解释了这三只狼为什么能重返大自然生活。

　　"公狼有照顾幼狼的责任，尽管这是一种本能，正是这种责任让它俩生活得好一些。母狼被放出去后，公狼和母狼共同有照顾幼狼的责任，而且公狼和母狼还需要互相照顾。这三只狼互相照顾，才能够重回自然，重新开始生活。"

由此可见，责任是生存的基础，无论是动物还是人。

1. 责任保证绩效

责任确保了生命在自然界中的延续，责任直接决定了一个人的工作绩效和生活质量。是高效能人士必备的一项习惯。

著名管理大师德鲁克认为，责任是一名高效能工作者的工作宣言。在这份工作宣言里，你首先表明的是你的工作态度：你要以高度的责任感对待你的工作，不懈怠你的工作，对于工作中出现的问题敢于承担。这是保证你的任务能够有效完成的基本条件。

可以说，没有做不好的事情，只有不负责的人。一个人责任感的高低决定了他工作绩效的高低。当你的上司因为你的工作很差劲批评你的时候，你首先问问自己，是否为这份工作付出了很多，是不是一直以高度的责任感来对待这份工作？一个高效能的人士是不会给自己的工作交一份白卷的。

责任感是我们在工作中战胜种种压力和困难的强大精神动力，它使我们有勇气排除万难，甚至可以把不可能完成的任务完成得相当出色。一旦失去责任感，即使是做自己最擅长的工作也会做得一塌糊涂。

一个拥有责任感的人，往往具备以下三个特征：

（1）一个拥有责任感的人具备一种主动承担责任的精神。

（2）一个拥有责任感的人，会为他所承担的事情付出心血、付出劳动、付出代价，他会为达到一个尽善尽美的目标付出自己的全部努力。

（3）一个拥有责任感的人是一个善始善终的人。

他懂得责任意味着承担，意味着付出代价。事情出现危机而仍然不放弃责任的人，才是真正拥有责任感的人；当情况于己不利，自己有可能付出代价，而勇于将事情进行到底的人才是真正有责任感的人。

2. 责任意味着机会

对于一个想在职场中谋求发展的人来说，责任意味着机会。当顾客或者老板交给你某个难题时，也许正为你创造了一个宝贵的机会。对于一名高效能的员工来讲，公司的组织结构如何、谁该为此问题负责、谁应该具体完成这一任务，都不是最重要的，他唯一的想法就是如何将问题解决。

对玛丽一生影响深远的一次职务提升是由一件小事情引起的。那是星期六的下午，专为公司做法律顾问的律师事务所打电话来问她，哪儿能找到一位速记员来帮忙——手头有些工作必须当天完成。她告诉对方，公司所有的速记员都去观看球赛了，如果再晚5分钟打电话，自己也会走。她表示自己愿意留下来帮助他们，因为"球赛随时都可以看，但是工作必须在当天完成"。6个月之后，玛丽已将此事忘到了九霄云外时，律师事务所却找来了，邀请她到他们的公司工作，并担任要职。

美国彭尼公司的总裁彭尼说："每个年轻人都应该尽力去做一些他职务范围以外的事，不要像机器一样只做分配给自己的工作，只有这样才能引起上司的注意。除非你愿意在工作中超过一般人的平均水平，否则你便不具备在高层工作的能力。"

高效能人士知道自己工作的意义和责任，并永远保持一种自动自发的工作态度，为自己的行为负责。以这样的眼光来重新审视，工作就不再成为一种负担。在各种各样的工作中，当我们发现那些需要做的事情哪怕并不是分内的事的时候，也就意味着我们发现了超越他人的机会。因为在自动自发地工作的背后，需要你付出的是比别人多得多的智慧、热情、责任、想象和创造力。

一个负责任的人是不会计较什么是自己该做的、什么是自己不该做的，他们关注的是怎样把问题尽快解决。当他们遇到顾客或者老板要求提供帮助，做一些分外的事情时，他们会从另外一个角度来思考，譬如换一个角色，自己就是这件事的责任人，将如何来更好地解决这些问题？每天多做一点点，初衷也许并非为了获得报酬，但往往获得的更多。

3.把责任当成生活态度

责任是一种生活态度，一位曾多次受到公司嘉奖的员工说："我因为责任感而多次受到公司的表扬和奖励，其实我觉得自己真的没有做什么，我很感谢公司对我的鼓励。其实担当责任或者愿意负责并不是一件困难的事，如果你把它当作一种生活态度的话。"

一名高效能人士要养成责任重于一切的习惯，无论在工作中，还是个人生活中。其实，在我们受过的教育中，有很多内容是关于训练责任感方面的。注意生活中的细节有助于责任的养成。大家都说习惯成自然，如果责任感也成为一种习惯时，也就慢慢成了一个人的生活态度，你就会自然而然地去做应该完成的工作，而不是勉强去做。当一个人自然而然地做一件事情时，就不会觉得麻烦和疲惫。

当你意识到责任在召唤你的时候，你就会随时为责任而放弃别的东西，而且你不会觉得这种放弃对你来讲很不容易。

比如对于承诺的信守，这就是你的责任。一旦你给予别人某种承诺，别人可能会对你的承诺守信表示赞美，而你可能就不会欣然而喜，因为你觉得自己本该这么做，这是你的一种生活态度。

比如守时也是一个人最基本的责任。要知道，一个人不守时就等于在浪费别人的生命，我们有能力承担这样的后果吗？在我们的生活中，总会遇到一些不守时的人，他们自己对此不以为然，这也是他们的生活态度。负责任是一种生活态度，不负责任也是一种生活态度。

身在职场，我们有责任遵守公司的一切规定。当你违背了公司的规定却没有足够的理由时，形式上的惩罚并不能掩盖你对自身责任的漠视。

一位知名的企业家说过，当你已经习惯了别人替你承担责任，那么你将永远亏欠别人，你的腰板就永远也不会挺直。所以，把责任作为一种生活态度是最好的。这样既不会觉得责任会给自己带来压力，也不会因为自己承担责任而觉得别人欠了你什么。

尤其是当责任成为一种工作态度时，工作对于你自身的意义就不仅仅是赚钱那么简单了，你也就不会因为公司的规定而觉得自己的自由受到了限制，更不会做出违背公司利益的事。

成功只有以社会为己任才是到达了真正的境界。香港实业家李嘉诚曾经说过："衡量成功的标准不是看你向社会索取了多少，而是看你为社会贡献了多少！"

要将责任根植于内心，让它成为我们脑海中一种强烈的意识，在日常行为和工作中，这种责任意识会让我们成为一名真正的高效能人士。

重在执行

在一个企业中，老板、管理人员与员工必须共同面对的现实是：无论预想多么完美，结果往往与目标之间有很大的差距。"想法没有得到实施""方案没有得到执行"，常常是企业缺乏执行力的表现。

1. 执行决定成败

喜欢足球的朋友都知道，德国国家足球队向来以作风顽强著称，因而在世界足球赛场上成绩斐然。德国足球成功的因素有很多，但有一点却是不容忽视的，那就是德国队队员在贯彻教练的意图、完成自己位置所担负的任务方面执行得非常得力，即使在比分落后或全队困难时也一如既往，全力以赴。你可以说他们死板、机械，也可以说他们没有创造力，不懂足球艺术。但成绩说明一切，至少在这一点上，作为足球运动员，他们是优秀的，因为他们身上流淌着执行力文化的特质。无论是足球队还是企业，一名队员或员工，如果没有完美的执行力，就算有再多的创造力也不可能取得好的成绩。

巴德森是美国橄榄球运动史上一位伟大的橄榄球队教练。在他的带领下，美国绿湾橄榄球队成了美国橄榄球史上最令人惊异的球队，创造出了令人难以置信的成绩。看看巴德森的言论，能从另一个方面让我们对执行力有更深刻的理解。

巴德森告诉他的队员："我只要求一件事，就是胜利。如果不把目标定在非胜不可，那比赛就没有意义了。不管是打球、工作、思想，一切的一切，都应该'非胜不可'。""你要跟我工作，"他坚定地说，"你只可以想三件事：你自己、你的家庭和球队，按照这个先后次序。""比赛就是不顾一切。你要不顾一切拼命地向前冲。你不必理会任何事、任何人，接近得分线的时候，你更要不顾一切。没有东西可以阻挡你，你就是一辆战车或一堵墙，无论对方有多少人，都不能阻挡你，你要冲过得分线！"正是有了这种坚强的意志和顽强的信心，绿湾橄榄球队的队员们拥有了完美的执行力。在比赛中，他们的脑海里除了胜利还是胜利。对他们而言，胜利就是目标，为了目标，他们奋勇向前、锲而不舍，没有抱怨，没有畏惧，没有退缩。正是这种近乎完美的执行精神，使他们成为所有渴望在工作中有所成就的人的榜样。

2. 创意贵在执行

凡事只有发挥行动力才会有结果。在一次行动力研习会上，有一位主讲师做了一个活动。他说："现在我请各位一起来做一个游戏，大家必须用心投入，并且采取行动。"他从钱包里掏出一张面值100元的人民币，他说："现在有谁愿意拿50元来换这张100元人民币？"他说了几次，但很久没有人行动，最后终于有一个人跑向讲台，但仍然用一种怀疑的眼光看着老师和那一张人民币，不敢行动。那位主讲师提醒说："要配合，要参与，要行动。"他才采取行动，换回了那 100 元，顷刻赚了 50 元。

最后，主讲师说："凡事马上行动，立刻行动，你的人生才会不一样。"

一名高效能人士做起事来应当雷厉风行。立即执行的态度会消减准备工作中一些看似可怕的困难与阻碍，引领你更快地抵达成功的彼岸。

好的创意只有付诸执行才能产生好的结果。你知道著名品牌肯德基是怎样打入中国市场的吗？

刚开始公司派了一位代表来中国考察市场，他来到首都北京，看到街道上人头攒动的场面，内心激动不已，尽情地畅想着肯德基一旦在中国站稳脚跟后的美好未来。在我们看来那位代表的工作也算得上是尽职尽责了，但回到公司后总裁还没等听完他的"美好遐想"就停了他的工作，另派了一位代表来北京。

新代表与上一个人不同的是，他先是在北京几条街道测出人流量，进行了大量的实地走访，然后又对不同年龄、不同职业的人进行品尝调查，并详细询问了他们对炸鸡的味道、价格等方面的意见，另外还对北京油、面、菜甚至鸡饲料等行业进行广泛的摸底研究，并将样品数据带回总部。

不久，那位代表率领一帮人又回到北京，肯德基从此打入了北京市场。

第一位商业代表之所以被解雇，并不是因为他没有好的创意，而是他的创意还只是停留在空谈上。后来的这位代表是一位想到就做、马上行动的人，他不但胸中有让肯德基驻足中国市场的美好创意，还坚定地通过行动来立即着手实现这一创意。

3. 不要等万事俱备再动手

一个高效的执行者不会等待万事俱备再动手。有一位心理学家多年来一直在探寻成功人士的精神世界，他发现了两种本质的力量：一种是在严格而缜密的逻辑思维引导下艰苦工作；另一种是在突发、热烈的灵感激励下立即行动。

当可能改变命运的灵感在世俗生活中喷发时，绝大多数人习惯于将它窒息，而后又回到原来的生活常轨：什么时候该做什么照常做什么。他们并没有意识到，内在的冲动是人类潜意识通向客观世界的直达快车。

威廉·詹姆斯说：灵感的每一次闪烁和启示，都让它像气体一样溜掉而毫无踪迹，这比丧失机遇还要糟糕，因为它在无形中阻断了激情喷发的正常渠道。如此一来，人类将无法聚起一股坚定而快速应变的力量以对付周围的突变。

美国钢铁大王卡内基以果断的执行力而闻名。有一次，一位年轻的支持者向他提出了一项大胆的建设性方案。在场的人全被吸引住了，它显然值得考虑，不过他们可以从容考虑，然后讨论，最后再决定如何去做。但是，当其他人正在琢磨这个方案时，卡内基突然把手伸向电话并立即开始向华尔街拍电报，电文热烈地陈述了这个方案。当然，拍这么长的电报花费不菲，但它传达了卡内基的信念。

出乎意料的是，1000万美元的投资立项就因为这个电文而拍板签约。假如他们拖延行动，这项方案极可能就在他们小心翼翼地漫谈中自动流产——至少会失去它最初的光泽。然而卡内基立刻付诸行动了。

很多人佩服卡内基办事如此简明，然而事实是，他之所以办事简明，就是因为他在长期训练中养成了"立即执行"的习惯。

世间永远没有绝对完美的事，"万事俱备"只不过是"永远不可能做到"的代名词。一旦延迟，机械地去满足"万事俱备"这一先行条件，不但辛苦加倍，还会使灵感失去应有的乐趣。以周密的思考来掩饰自己的不行动，甚至比一时冲动还要错误。

一个高效能人士是不会等待万事俱备的时候再动手的。很多时候，你若立即进入工作的主题，将会惊讶地发现，如果拿浪费在"万事俱备"上的时间和精力处理手中的工作，往往绰绰有余。而且，许多事情你若立即动手去做，就会感到快乐、有趣，因此加大成功几率。

马上去做和亲自去做是一名高效能人士应当秉持的做事理念，任何规划和蓝图都不能保证你成功。很多企业之所以能取得今天的成就，不是事先规划出来的，而是在行动中一步一步不断调整和实践出来的。因为任何规划都有缺陷，规划的东西是纸上的，与实际总是有距离的，规划可以在执行中修改，但关键还是要马上执行！根据你的目标马上行动，没有行动，再好的计划也是白日梦。

4. 有效执行的3个习惯

（1）用心去做。

要取得好的执行效果，关键是要用心去做。以发生在商场的一个小场景为例：一位消费者，在大卖场的货架间徘徊，想找一瓶高蛋白含量的奶粉，看到一位服务人员在另一边整理货架，便走过去问道："我想找一罐高蛋白含量的奶粉，请问在哪里可以找到？"

服务人员的反应可能有下列几种：

第一种：理都不理消费者，继续整理眼前的货架。

第二种：瞄消费者一眼，冷冷丢出一句话："不知道。"

第三种：客气地回答消费者："请你走到第三个货架，左转到横排第五个矮柜，算过去第八个篮子，你就可以看到奶粉专柜。"

第四种：服务人员立即停下手下的工作，聆听他描述产品，随即带他到奶粉货架，拿下一种销量较好的高蛋白奶粉递给他，同时说："我想您挑选蛋白质含量高的奶粉，应该是想让您的宝宝长得更结实，我再推荐您另外一种高钙的产品试试，可以让您的宝宝更健康。"

对工作专注用心是做好任何事情的前提条件，我们在执行工作任务时，要先把心思集中到如何快速、高效完成任务的思考上来。

（2）提高速度。

执行力高低的一个衡量尺度是快速行动，因为速度现在已经成为决定成败的关键因素。当然快与慢是辩证的，因为快速执行并不是要求你为了完成目标而不计后果，并不是允许任何人为了抢速度而降低工作的质量标准。迅捷源自能力，简洁来自渊博。一个人要快速执行首先要建立在强大的思维能力基础之上。一名执行力强的人能够不断探寻业务模式和事物的因果关系，能够不断尝试从新的角度（同事角度、客户角度、竞争对手角度、公司角度、创造性角度）看问题。

（3）注重团队协作。

我们的工作不是孤立的。要出色完成上司交代的工作，必然要依靠团队协作。一个高效的执行者是不会单枪匹马地闯荡的，他会协同团队共同完成任务。

在执行的过程中，团队精神主要包含 4 个方面：

①同心同德：组织中的员工相互欣赏，相互信任，而不是相互瞧不起，相互拆台。员工应该发现和认同别人的优点，而不是突显自己的重要性。

②互帮互助：不仅是在别人寻求帮助时提供力所能及的帮助，还要主动地帮助同事。反过来，我们也能够坦诚地乐于接受别人的帮助。

③奉献精神：组织成员愿为组织或同事付出额外努力。

④团队自豪感：团队自豪感是每位成员的一种成就感，这种感觉集合在一起，就凝聚成为战无不胜的战斗力。

把握关键细节

看不到细节，或者不把细节当回事的人，对工作缺乏认真的态度，对事情只能是敷衍了事。这种人无法把工作当作一种乐趣，而只是当作一种不得不接受的苦役，因而在工作中缺乏热情。而考虑到细节、注重细节的人，不仅认真地对待工作，将小事做细，并且注重在做事的细节中找到机会，从而使自己走上成功之路。

莫奈曾经画过一幅描绘女修道院厨房的画。画面上正在工作的不是普通的人，而是天使。一个正在架水壶烧水，一个正优雅地提起水桶，另外一个穿着厨衣，伸手去拿盘子——在常人看来最平凡、最细小的事，天使们却认为值得全神贯注地去做。

1. 把握关键细节

老子说过："天下难事，必做于易；天下大事，必做于细。"精辟地指出了我们要想成就一番事业，必须从简单的事情入手，从细微之处入手。同样，著名建筑大师密斯·德娄，在被要求用一句话来描述他成功的原因时，他概括说："魔鬼藏于细节。"他反复强调，如果对细节的把握不到位，无论你的建筑方案如何恢弘大气，都称不上是成功的作品。可见无论古今中外，细节成了所有成功人士所共同重视的关键。

任何人都不可否认的一个事实就是：最伟大的事物往往是由最细小的事物点点滴滴汇集而成的。同样，绝大多数人的成功也是把握了每一个关键细节，从做好每一件工作和生活中的小事后，一步步地走向成功的。

罗瑞斯曾是美国一家电力公司的一名速记员。尽管他的上司和同事均养成了偷懒的恶习，但罗瑞斯仍保持认真做事的良好习惯，重视每一项工作。

一天，上司让罗瑞斯替自己编一本公司总裁帕克先生前往欧洲用的密码电报书。罗瑞斯不像同事那样，随意地编几张纸完事，而是编成一本小巧的书，用打字机很清楚地打出来，然后又仔细装订好。做好之后，上司便把这本书交给了帕克先生。

"这大概不是你做的吧？"帕克先生问。

"呃——不……是……"罗瑞斯的上司战栗地回答。帕克先生沉默了良久。

过了几天之后，罗瑞斯代替了以前上司的职位。

希尔顿饭店的创始人、世界旅馆业之王康·尼·希尔顿也是一个注重小事的人。康·尼·希尔顿要求他的员工："大家牢记，万万不可把我们心里的愁云摆在脸上！无论饭店本身遭遇何等的困难，希尔顿服务员脸上的微笑永远是顾客的阳光。"正是这小小的永远的微笑，让希尔顿饭店的身影遍布世界各地。

一位知名企业家回顾自己曾在希尔顿饭店度过的一段美好时光时说："我曾在希尔顿饭店有过美好的经历。吃早餐的时候服务员给我送来了一个小点心。我问她，这中间红的是什么？服务员看了一眼，后退一步说，那是什么什么。我又问旁边那个黑黑的是什么。她又看了一眼，后退一步说，那是什么什么。她为什么后退一步？是为了避免她的唾沫溅到我的菜上。"或许大家都有过这样的经历，只是觉得很正常而忽略过去了。但我觉得这些看起来是很小的事，却体现出很深刻的道理。如果那个服务员没有一种时时刻刻注重细节的习惯，她能表现得这样尽职尽责吗？

2. 做小事，成大事

把握关键细节是高效能人士的一项重要习惯。做好小事方能成就大事，如果你想在工作中成就一番事业，就应当注意从小事入手，做好每一个细节。

（1）处处留心信息。

现在是高资讯社会，信息对于一个人的决策至关重要。对于公司老板而言，由于处理事务的层面较多，欠缺了许多第一手材料，这时候往往需要员工的查漏补缺，及时反馈有效信息。所以，不要因为自己职低位卑，就觉得那些只是属于决策层的事，与你无关，不用你去操心。往往正是这些被疏忽了的小细节影响着公司的进一步发展。

（2）尽忠职守。

高效能人士应当尽职尽责，尽忠职守，将自己岗位上的每一件事都做得非常出色。

"石油大王"洛克菲勒刚参加工作时，因学历不高，又没有什么特别的技术，他在公司做的工作连小孩都能胜任，就是巡视并确认石油罐盖有没有自动焊接好。他发现罐子旋转一次，焊接剂滴落39滴，焊接工作便结束。就这样一件小事，却促发他产生了能否对焊接技术加以改善的思考。一次，他突然想：如果能将焊接剂减少一两滴，是不是能够节省成本？

经过一番研究，洛克菲勒终于研制出"37滴型"焊接机。但是，利用这种机器焊接出来的石油罐偶尔会漏油，并不实用。他不灰心，又研制出"38滴型"焊接机。这次的发明非常完美，公司对他的评价很高。不久便生产出这种机器，改用新的焊接方式。

虽然节省的只是一滴焊接剂，但这"一滴"却替公司带来了每年5亿美元的新利润。

"改良焊接剂"改变了洛克菲勒的人生。他成功的关键在于，普通人工作时往往会忽略的平凡小事，而他却特别注意。

（3）从大处着眼，小处着手。

一些管理者认为，企业的高层经营管理者不应管细节问题，而只需把握企业的主干——生产、经营和销售等方面的大原则就可以了，各种具体的细节问题应完全放手让部属去干。其实这是一种欠缺的管理方法，卓越管理者从来不会对细节问题撒手不顾，反而在适当之时会对它追根究底。

管理者对待员工最有效的方法是温暖他们的心，因为员工的忠诚和主动是企业生存和发展的关键，而使员工对企业充分信任，只要从一件小事开始就可以了。大多数时候，一句话足以获得员工对企业的一颗真心和忠诚。

总之，一名高效能人士要想把每一件事情做到无懈可击，就必须从小事做起，付出你的热情和努力。如果能很好地完成这些小事，将来准能成为军队中的将领、饭店的总经理、公司的老总，反之，如果对此感到乏味、厌倦不已，始终提不起精神，或者因此敷衍应付差事，勉强应对工作，将一切都推到"英雄无用武之地"的借口上，那么你现在的位置也会岌岌可危。在小事上都不能胜任的员工，谈何在大事业上大显身手？

做好细节需要我们记住"大处着眼，小处着手"的原则。尽管我们看问题必须站得高看得远，但现实中的事情都是一件件的小事情累积起来的，只有你把一点一滴都做好了，大的工作自然也就随之完成了。

有效沟通

有效沟通是高效能人士的一项重要的能力，提高沟通能力主要有两方面：一是提高理解别人的能力，二是增加别人理解自己的可能性。

人与人交往需要沟通，在公司内，无论是员工与员工、员工与上司、员工与客户都需要沟通。良好的沟通能力是工作中不可缺少的，一个高效能的人士绝不会是一个性格孤僻的人，相反，他应当是一个能设身处地为别人着想、充分理解对方、不以针锋相对的形式对待他人的人。

在有效的沟通中我们可以得到很多工作之外的东西。例如，在沟通中，我们除了和大家一起工作外，还可以和大家一起去参加各种活动，或者礼貌地关心一下他人的生活。我们可以使每个人觉得，我们不仅是工作上的好搭档，在工作之外也是很好的朋友。

在一个团队中，沟通应当遵循简单的原则，人与人之间的沟通应直截了当，心里想到什么说什么，不要把简单的问题复杂化，这样可以减少沟通中的误会。言不由衷，会浪费大家的宝贵时间；

瞻前顾后，生怕说错话，会变成谨小慎微的懦夫；更糟糕的是还有些人，当面不说，背后乱讲，这样对他人和自己都毫无益处，最后只能是破坏了集体的团结。正确的方式是提供有建设性的正面意见，在开始讨论问题时，任何人先不要拒人于千里之外，大家把想法都摆在桌面上来，充分表达自己的观点，这样才会有一个综合、容纳大部分人意见的结论。

沟通对于整个团队工作效能的提升十分重要。如果员工之间处于一种无序和不协调的状态之中，双方之间互相推诿责任以致使各种力量被互相抵消，"既然我做不成，那么我也不让你做成"，这样的内耗既消耗了别人的力量，也消耗了自己的实力。在这种团队之中也不可能出现什么高效能人士。要实现双方的合作关系，就必须杜绝自己有上述想法或行为出现，争取在不损害自己利益的基础上也充分保证对方的利益。

1. 谈论别人感兴趣的话题

一个高效能的人士应当具备出色的沟通能力，为此，他必须是一个"话题高手"，善于谈论他人感兴趣的话题。

凡拜访过罗斯福的人都很惊叹他知识的渊博。"无论是牧童、野骑者、纽约政客，或外交家"，布莱特福写道，"罗斯福都知道同他谈什么。"

他是怎么做的呢？

答案极为简单。

无论什么时候，罗斯福每接待一位来访者，他会在前一个晚上迟一点睡觉，以便阅读客人特别感兴趣的话题。

因为罗斯福同所有的领袖一样，知道赢得人心的秘诀，就是与他谈论他最感兴趣的事情。

曾任教哈佛大学、和蔼的鲁克教授早年就得到这方面的经验。

"当我8岁时，一个周末去拜访住在附近的姑母，并在她家度过假期。"鲁克教授在他的一篇文章中写道："一天晚上，一个中年人来拜访，与姑母寒暄之后，他的注意力集中到我身上。那时候，我正对船感兴趣，这位客人对这个话题似乎特别感兴趣。他走后，我非常高兴地谈论他，说他是多么好的一个人！对船多么感兴趣！我的姑母告诉我说，他是一位纽约律师；平常，他对船的事情毫不关心，对于船的问题也毫无兴趣。但为什么他始终谈论船的事呢？

'因为他是一个高尚的人。他见你对船感兴趣，他知道谈论船能使你高兴，同时也使他自己成为受欢迎的人。'姑母说。"

鲁克说："我永远不会忘记我姑母的话。"

约克是某食品公司的业务员，他在一段时期曾想将面包卖给纽约一家酒店。

4年来，每个星期他都去拜访经理，他甚至还在这家旅馆开了房，住在那里，以得到生意，但他失败了。

"后来，"约克说，"在研究人际关系之后，我决定改变策略。我决定找出这个人感兴趣的是什么，什么会引起他的热心。"

"我发觉他是美国旅馆服务员协会的会员。他不但是会员，由于他的热心，他现在是该会的会长和国际服务员协会的会长。不论在什么地方举行大会，他都会飞过崇山峻岭，越过沙漠、大海，参加大会。

所以第二天见到他的时候，我首先开始谈论关于服务员协会的事。我得到多么好的反应——他对我讲了半小时关于服务员协会的事，他的声音有力、高亢，我可以清楚地看出这确实是他的业余嗜好，是他生活中的热情所在。在我离开他的办公室以前，他劝我加入该协会。

这个时候，我仍然没有提任何关于面包的事。但几天后，他旅馆的主管打电话要我带着货样和价目单去。

'我不知道你对那位老先生做了些什么，'主管对我说，'但他真的被你搔到痒处了。'

试想一想我对这人紧追了 4 年——费力得到他的生意，我如果没有最后费劲儿去找出他感兴趣的、他喜欢谈的，我还要死追，不知道追多少年才能成功。"约克说。

所以，如果我们想在沟通中更好地影响他人，就应当养成谈论他人感兴趣的话题这个好习惯。

2. 做好面对面沟通

面对面的沟通是最亲切、最有效的交流方式。通过面对面的交流，你可以直接感受到对方的心理变化，在第一时间正确地了解对方的真实想法，从而达到快速有效的沟通。因此，每一位高效能人士都应该学会面对面与别人交流的技能。

道纳森公司是一家生产诸如铜制螺旋桨叶片和齿轮箱等普通产品的企业，其产品主要满足汽车和拖拉机行业普通二级市场的需要。麦迪逊接任公司总经理后，他做的第一件事就是废除原来厚达 57 厘米的政策指南，取而代之的是只有一页篇幅的宗旨陈述。其中有一项是：面对面的交流是联系员工、保持信任和激发热情的最有效的手段。关键是要让员工们知道并与之讨论企业的全部经营状况。

麦迪逊非常注重面对面的交流，强调同一切人当面讨论一切问题。他要求各部门的管理机构和本部门的所有成员之间每月举行一次面对面的会议，直接而具体地讨论公司每一项工作的细节情况。麦迪逊还非常注重培训工作和不断地自我完善，仅在道纳森大学，就有他的数千名员工在那里学习，他们的课程都是务实和实用的，但同时也强调人的信念，许多课程都由老资格的公司总经理讲授。在他看来，没有哪个职位能比道纳森大学董事会的董事更令人尊敬的了。

麦迪逊掌管道纳森公司的几年里，在并无大规模资本开支的情况下，他手下的员工人均销售额已猛增了 3 倍，一跃成为《幸福》杂志按投资总收益排列的 500 家公司中的第 2 位。这对于一个身处如此乏味的行业的大企业来说，的确是一个非凡纪录。

成功学大师拿破仑·希尔认为，高效的沟通者在与人面对面沟通时应当采取的策略为：

策略一：80%的时间倾听，20%的时间说话。

一般人在倾听时常常出现以下情况：（1）很容易打断对方讲话；（2）发出认同对方的"……""是……"等一类的声音。较佳的倾听却是完全没有声音，而且不打断对方讲话，两眼注视对方，等到对方停止发言时，再发表自己的意见。而更加理想的情况是让对方不断地发言，越保持倾听，你就越握有控制权。

在沟通过程中，20%的说话时间中，问问题的时间又占了80%。问的问题越简单越好，是非型问题是最好的。以自在的态度和缓和的语调说话，一般更容易使人接受。

策略二：沟通中不要指出对方的错误，即使对方是错误的。

你沟通的目的不是去证明对方是错的。生活中我们常常发现，很多人在沟通过程中不断证明自己是对的，但却十分不得人缘；沟通天才认为事情无所谓对错，只有适合还是不适合你而已。

所以如果不赞同对方的想法时，不妨还是仔细听他话中的真正意思。若要表达不同的意见时，切记不要说："你这样说是没错，但我认为……"而最好说："我很感激你的意见，我觉得这样非常好，同时，我有另一种看法，不知道你认为如何？""我赞同你的观点，同时……"要不断赞同对方的观点，然后再说"同时……"，而不说"可是……""但是……"。

一个沟通高手都有方法进入别人的频道，让别人喜欢他，从而博得信任，表达的意见也易被别人采纳。

策略三：高效能人士善于运用沟通三大要素。

人与人面对面沟通的三大要素是文字、声音以及肢体动作；经过行为科学家60年的研究发现，面对面沟通时三大要素影响力的比率是文字7%、声音38%、肢体语言55%。

一般人在与人面对面沟通时，常常强调讲话内容，却忽视了声音和肢体语言的重要性。其实，沟通便是要努力和对方达到一致性以及进入别人的频道，也就是你的声音和肢体语言要让对方感觉到你所讲和所想的十分一致，否则对方无法收到正确讯息。

3. 提高沟通能力的5个步骤

高效沟通是高效能人士的一项重要的能力，提高沟通能力主要有两方面：一是提高理解别人的能力；二是增加别人理解自己的可能性。那么究竟怎样才能提高自己的沟通能力呢？心理学家经过研究，提出了一个提高沟通能力的一般程序。

（1）明确沟通对象。

这一步很重要。你可以认真地想一想，在你的工作和生活中，你可能会在哪些情境中与人沟通，比如学校、家庭、工作单位、聚会以及日常的各种与人打交道的情境。想一想，你都需要与哪些人沟通，比如朋友、父母、同学、配偶、亲戚、领导、邻居、陌生人等等。开列清单的目的是使自己清楚自己的沟通范围和对象，以便全面地提高自己的沟通能力。

（2）改善沟通状况。

明确好自己的沟通状况之后，可以问自己下面几个问题，了解自己该从哪些方面去改善自己的沟通状况：

对哪些情境的沟通感到愉快？

对哪些情境的沟通感到有心理压力？

最愿意与谁保持沟通？

最不喜欢与谁沟通？

是否经常与多数人保持愉快的沟通？

是否常感到自己的意思没有说清楚？

是否常误解别人，事后才发觉自己错了？

是否与朋友保持经常性联系？

是否经常懒得给人写信或打电话？

……

客观、认真地回答上述问题，有助于你了解自己在哪些情境中、与哪些人的沟通状况较为理想，在哪些情境中、与哪些人的沟通需要着力改善。

（3）优化沟通方式。

在这一步中，我们可以通过下面几个问题看一看自己的沟通方式存在哪些需要改善的地方：

通常情况下，自己是主动与别人沟通还是被动沟通？

在与别人沟通时，自己的注意力是否集中？

在表达自己的意图时，信息是否充分？

主动沟通者与被动沟通者的沟通状况往往有明显差异。研究表明，主动沟通者更容易与别人建立并维持广泛的人际关系，更可能在人际交往中获得成功。

沟通时保持高度的注意力，有助于了解对方的心理状态，并能够较好地根据反馈来调节自己的沟通过程。没有人喜欢自己的谈话对象总是左顾右盼、心不在焉。

在表达自己的意图时，一定要注意使自己被人充分理解。沟通时的言语、动作等信息如果不充分，则不能明确地表达自己的意思；如果信息过多，出现冗余，也会引起信息接受方的不舒服。最常见的例子就是，你一不小心踩了别人的脚，那么一声"对不起"就足以表达你的歉意，如果你还继续说："我实在不是有意的，别人挤了我一下，我又不知怎的就站不稳了……"这样啰嗦反倒令人反感。因此，信息充分而又无冗余是最佳的沟通方式。

（4）做好计划。

通过上面几个步骤，你可以发现自己在哪些方面存在不足，从而确定在哪些方面重点改进。比如，沟通范围狭窄，则需要扩大沟通范围；忽略了与友人的联系，则需主动写信、打电话；沟通主动性不够，则需要积极主动地与人沟通等等。把这些制成一个循序渐进的沟通计划，然后把自己的计划付诸行动，体现在具体的生活小事中。比如，觉得自己的沟通范围狭窄，主动性不够，你可以规定自己每周与两个素不相识的人打招呼，具体如问路、说说天气等。不必害羞，没有人会取笑你的主动，相反，对方可能还会欣赏你的勇气呢！

在制订和执行计划时，要注意小步子的原则，即不要对自己提出太高的要求，以免实现不了，反而挫伤自己的积极性。小要求实现并巩固之后，再对自己提出更高的要求。

（5）控制自己的沟通。

这一步至关重要。任何行为如果控制不好，就可能适得其反。因此，如果要提高自己的沟通能力，最好是自己对自己进行监督，比如用日记、图表记载自己的发展状况，并评价与分析自己的感受。

另外，我们在执行计划时要对自己充满信心，坚信自己能够成功。一个人能够做的，比他已经做的和相信自己能够做的要多得多。

高效地搜集并消化信息

当今世界是一个以大量资讯作为基础来开展工作的社会。在商业竞争中，对市场信息尤其是市场关键信息把握的及时性与准确性，对竞争的成败有着特殊的意义。

因此，对于一名高效能人士来说，行业最新动态、市场现状与发展趋势、相关领域最新技术的动向、交易前沿的最新情况、企业内部其他部门相应的工作进度等资讯，他都必须要设法了解。

缺乏所需信息情报，工作就难以进行下去。例如，我们在制订计划时，只有尽可能多地拥有信息情报，才能更大程度地使计划完备周详，使可能出现的纰漏降到最少。

另外，在现代职场中，公司内部员工之间的竞争也是越来越激烈。及时、准确地掌握信息时，对赢得竞争也十分重要。信息就是资历，信息就是竞争力，一个人如果能及时掌握准确而又全面的信息，他就等于掌握了竞争的主动权。

但是我们在工作中面临的一个现实是：一方面知识更新速度很快，社会资讯泛滥，到处充斥着这样那样的信息；另一方面，总是感觉到工作上所需要的资讯相对难求。有些企业，尤其是大型企业对资讯的收集、管理和使用都比较混乱，没有一套系统的方法，以致虽然有时候获取了很好的情报，但由于错过了最佳使用时机而失去了其应有的价值。

一个高效能人士应当养成高效地搜集并消化信息的习惯。当你真的感到自己在工作时缺乏信息，不要像有的员工那样，抱怨"公司的资讯没能很好地流通，我得不到应有的信息支持。"因为说出这样的话，就表示你没有主动地去搜集资讯信息，而是坐在那里被动地等待别人来提供信息给你。当你确实需要资讯时，必须主动地去搜集。

1. 善于捕捉有用信息

在信息社会，每一个人都在扮演着两个基本角色，即信息传递者和信息接受者。信息就像人们讲"吃过了吗""吃过了"之类的寒暄话一样自然而平常。但在这自然而平常之中，却有着许许多多的道理和学问，关键就看你能否捕捉和善用信息。

职场中总有些人不去自动自发地搜集信息，而只是坐在那里等着信息传达到他们手上。持这种守株待兔的态度，是无法成为一名善于搜集并消化信息的高效能人士的。

要学会捕捉有用的信息，就应该注意搜集、发现和开发信息。

上海的一家食品制造企业，因信息不畅而举步维艰。他们投入资金请一位知名的咨询专家王博士为他们提供能使企业获得发展的市场信息。

王博士接受委托后，立即着手对当地的垃圾进行研究。这在一般人看来与信息毫无关联，但王博士就是在垃圾堆里为这个企业找到了有用的信息。

王博士对当地的垃圾进行了较长时间的分析研究。他与助手一道，从每天收集上来的垃圾堆中挑出数袋垃圾，然后把垃圾的内容依其原产品的名称、重量、数量，包括形式等予以分类，如此反复，进行了近一年的研究分析。

王博士说："垃圾绝不会说谎和弄虚作假，查看人们所丢失的垃圾，往往是比调查市场更有效的一种行销研究方法。"他通过对垃圾的研究，获得了当地食品消费情况的相关信息：

比如，劳动者阶层所喝的进口啤酒没收入高的阶层多，并知道所喝啤酒中各种牌子的比例；中等阶层人士比其他阶层消费的食物更多，因为双职工家庭都上班而没有时间处理剩余的食物。

王博士还通过对垃圾内容的分析，准确地了解到人们消费各种食物的情况，并得知减肥清凉饮料与压榨的橘子汁属于高阶层人士的消费品。

后来，这家企业根据王博士所提供的信息制订经营决策，组织生产，结果大获成功。

2. 对事物保持敏感

一个高效能人士应当对事物保持敏感，这样才能在信息社会中赢得主动。事实证明，那些事业上成功的人，往往对任何事情都抱有好奇心，在搜集信息时，也自然能对事物保持一定的敏感度，以便捕捉到对自己有用的信息。

李科曾是南方一家公司的小职员，平时的工作是为老板干一些文书工作、跑跑腿、整理整理报刊材料。这份工作很辛苦，薪水又不高，他时刻琢磨着想个办法赚大钱。

有一天，他从报纸上看到一篇介绍美国商店情况的专题报道，其中有一段提到了自动售货机。上面写道:"现在美国各地都大量采用自动售货机来销售货品,这种售货机不需要雇人看守,一天 24 小时可随时供应商品,而且在任何地方都可以营业,给人们带来了许多方便。可以预料,随着时代的进步,这种新的售货方法会越来越普及,必将被广大的商业企业所采用,消费者也会很快地接受这种方式,这种售货机前途一片光明。"

李科开始在这上面动脑筋,他想:"现在自己所处的地区还没有一家公司经营这个项目,可将来也必然会迈入一个自动售货的时代。这项生意对于没有什么本钱的人最合适。我何不趁此机会去钻这个冷门,经营此新行业?至于售货机里的商品,应该放一些快速消费品。"

于是,他就向朋友和亲戚借钱购买自动售货机,共筹到了 30 万元,这笔钱对于一个小职员来说可不是一个小数目。他以一台 1.5 万元的价格买下了 20 台售货机,设置在酒吧、剧院、车站等一些公共场所,把一些日用百货、饮料、酒类、报纸杂志等放入其中,开始了他的新事业。

李科的这一举措,果然给他带来了大量的财富。当地人们第一次见到公共场所的自动售货机时,感到很新鲜,因为只需往里投入硬币,售货机就会自动打开,送出你所需要的东西。一般一台售货机只放入一种商品,顾客可按照需要从不同的售货机里买到不同的商品,非常方便。李科的自动售货机第一个月就为他赚到 10 多万元。他再把每个月赚的钱投资于自动售货机上,扩大经营规模。5 个月后,李科不仅早已连本带利还清了借款,而且还净赚了近 100 万元。

正是一条有用的信息造就了一位新富翁。信息时代,这样的富翁不只李科一个。因此,我们应当时刻保持对信息的敏感,只有这样才能时刻领先别人一步,成为一名善于把握信息的高效能人士。

3. 培养搜集信息的好习惯

高效能人士应当养成高效搜集并消化信息的好习惯，那么，我们应当从哪些方面着手培养这些好习惯呢？

（1）主动去关心信息。

高效能人士应当主动去"关心"信息，因为这是搜集信息的一个好方法。例如，在大街上，当你听到消防车喇叭声大作时，你会问："哪里失火了？哪里出现了紧急情况吗？"只有主动询问，你才能立刻了解到哪里出现了事故。当看到街上围了一大群人，你要走上前挤进去，才能看得见那里发生了什么事。因为，要掌握一件事情的真相，光有好奇心是不够的，还要尽可能地亲身经历或亲眼所见。要搜集资讯，就必须主动出击，抢先获取第一手资料。

当然，我们还应当培养自己判断信息价值的能力，这样才能在浩如烟海的信息世界里找到对自己有用的信息。

（2）建立个人信息网络。

建立个人信息网络的重要性在于，当你想要哪一类资讯时，你立刻可以找到能提供这方面信息的人；当你想得到最具权威性的资料时，马上有人为你提供最为科学的建议。怎样来建立你的信息网呢？可以先以你的知交良朋、校友、同事、上各类培训班时认识的学员、同行业里认识的朋友为基础，逐渐扩大你的信息网络。若善加利用，这个网将是你一生中最为宝贵的财富之一。

（3）要善于"套"情报。

用对信息的保密程度来划分，人不外乎两类：缄默型和主动传播型。当知道一项内部资讯时，主动传播型的人，不用你去问，他就会跑来告诉你整个事情的始末，并且会添油加醋；而缄默型，则会三缄其口，不随意传话。

对缄默型的人，你要想办法从他们的嘴里"套"出话来。你不能开门见山，要旁敲侧击。而对主动传播型，无论他说给你什么，你都要很有兴趣地听完它，而不要对自认为有价值的就认真听，觉得没用的就提不起精神。否则，以后他就不会再告诉你什么东西了。

（4）不要随便传播所得信息。

一般地，对方在信任你的情况下，才会告诉你内部参考、内幕消息和独家机密，而且他们往往都会叮嘱你"千万不要告诉别人"。如果你把这些别人告诉你的事情随便告诉了其他人，一旦传到了当初告诉你的那个人耳中，以后你就再也不能从他那里得到什么有价值的资讯了。

（5）你也要适当透露信息给别人。

光是别人给你提供信息情报，你却不给别人透露一些他想要的资讯，这样的关系是不可能长久的。你必须提供令对方满意的信息，别人才会给你需要的信息。

善于授权

通用电气 CEO 杰克·韦尔奇认为，一个杰出的高效能经理人必须做到的一点就是善于授权。著名的管理大师史蒂芬·柯维认为，做不到合理授权是现代多数中层经理工作效能低下的主要原因。柯维博士认为："现代社会许多大小公司的老板、部门主管早已被信息、电讯、文件、会议掩盖得透不过气来。几乎任何一项请求报告都需要他审阅，予以批示，签字画押，他们为此经常被搞得头昏眼花，根本无法对公司的重大决策作出思考，在董事会议上他们很可能是最为无精打采的一类人。

柯维博士认为，工作的效率不高就是因为被一些琐碎的事给拖住了后腿。查尔斯就是曾向柯维博士咨询过的一位老板。

查尔斯是纽约一家电气分公司的经理。他每天都应付上百份的文件，这还不包括临时得到的诸如海外传真送来的最新商业信息。他经常抱怨说自己要再多一双手、再有一个脑袋就好了。他已明显地感到疲于应付，并曾考虑增添助手来帮助自己。可他终于及时刹住了自己的一时妄想，这样做的结果只会让自己的办公桌上多一份报告而已。公司人人都知道权力掌握在他的手里，每一个人都在等着他下达正式指令。查尔斯每天走进办公大楼的时候，他就开始被等在电梯口的职员团团围住，等他走进自己的办公室已是满头大汗。

实际上，查尔斯自己给自己制造了许多的麻烦。自己既然是公司的最高负责人，那自己的职责只应限于有关公司全局的工作之上，下属各部门本来就应各司其职，以便给他留下足够的时间去考虑公司的发展、年度财政规划、在董事会上的报告、人员的聘任和调动……举重若轻才是管理者正确的工作方式；举轻若重只会让自己越陷越深，把自己的时间和精力浪费于许多毫无价值的决定上面。这样的领导方式根本无法带动并且推动公司的发展，无法争取年度计划的实现。

查尔斯有一天终于忍受不住了，他终于醒悟过来了，他把所有的人关在电梯外面和自己的办公室外面，把所有无意义的文件抛出窗外。他让他的属下自己拿主意，不要再来烦他。他给秘书作了硬性规定，所有递交上来的报告必须筛选后再送交，不能超过10份。刚开始，秘书和所有的属下都不习惯。他们已养成了奉命行事的习惯，而今却要自己对许多事拿主意，他们真的有点不知所措。但这种情况没有持续多久，公司开始有条不紊地运转起来，属下的决定是那样的及时和准确无误，公司没有出现差错。相反，往往经常性的加班现在却取消了，只因为工作效率因真正各司其职而大幅度提高了。查尔斯有了读小说、看报、喝咖啡、进健身房的时间，他感到惬意极了。他现在才真正体会到自己是公司的经理，而不是凡事包揽的老妈子。

杰克·韦尔奇是简单式效率型管理的倡导者。他认为高度的集权式管理只会让公司的运行减慢。查尔斯以前的领导方式就是受到了传统集权式管理的负面影响。公司大小权力都集中到自己一个人身上，难怪职员们凡事都要先请示而后行动，主动出击在原则上就是越权，搞不好会弄丢自己的饭碗，谁愿冒这个险？

所幸，查尔斯意识到授权在管理中的重要性，他开始下放自己手中的大部分权力给各主管以及每一个员工，让他们有机会发挥自己的优势，有权力决定自己怎样做才能做得更好，不必千篇一律。授权的结果就是要让下属全都行动起来，充分利用自己手中的权力，完成自己的工作，使之更趋完美。一名高效能人士不会因为授权而动摇自己的位置，相反，他会通过授权使自己的工作趋向于完美。

1. 制订合理的授权计划

授权是一项重大的决定，因此，对于一名高效能人士来说，他必须对此形成完整的计划。这种计划可能不是文字的，但一定要在脑海中形成清晰的框架。盲目的授权，或者未经仔细斟酌设计的授权将带来混乱。

制订授权计划，核心在于弄清楚要授权事情有哪些，这些事情的程序、步骤是怎样的，在每个过程中有哪些要点、预测到可能出现的情况是怎样的等。

一个完整的授权计划应包含下面几点基本内容：

（1）授权的任务是什么，这项任务涉及的特性和范围怎样。

（2）授权需要达成的结果是什么。

（3）用来评价工作执行的方法是什么。

（4）任务完成的时间要求。

（5）工作执行所需要的相应权力有哪些。

如果授权成为一项经常性的工作，我们应设计一定的管理表格，这类表格能帮助授权者形成完整清楚的授权计划。

授权计划的制订不应是自上而下发布命令的方式，这恰是与授权精神相违背的一种方式。授权计划从一开始即要求受权下属的参与。应允许下属参与授权的决定，在授权计划形成之后，应在更大范围内公布授权计划，根据授权计划向下属进行反馈和提问。这样做的好处有多种，其一是帮助管理者整理自己的思想，在确有必要时修改授权计划；其二是使下属充分理解授权的精髓，在最大限度内得到下属的认同，激发其积极性。同时，又能在组织中起到宣传引导作用，形成授权的心理期待。

2. 掌握正确的授权方法

不同的授权方法会产生不同的效果，一名高效能人士应当掌握正确的授权方法。授权的方法按照不同的维度，有不同的划分方法。按照授权受制约的程度，授权的方法有以下4种：（1）充分授权；（2）不充分授权；（3）弹性授权；（4）制约授权。

充分授权是指管理者在向其下属分派职责的同时，并不明确赋予下属这样或那样的具体权力，而是让下属在管理者权力许可的范围之内，自由、充分地发挥其主观能动性，自己拟定履行职责的行动方案。这种授权的方式虽然没有具体授权，但在事实上几乎等于将管理者自己的权力——针对特定的工作和任务的部分下放给其下属。充分授权的最显著优点在于能使下属在履行职责的工作中实现自身价值，获得较大的满足，最大可能地调动下属的主观能动性和创造性。对于授权管理者而言则大大减少了不必要的工作量。充分授权是授权中的"高难度特技动作"，一般只在特定情况下使用，要求授权对象是具有很高素质和责任心的下属。

不充分授权是指管理者对其下属分派职责的同时赋予其部分权限。根据所授下属权限的程度大小，不充分授权又可以分为几种具体情况：

（1）让下属了解情况后，由领导者作出最后的决策。

（2）让下属提出详细的行动方案，由领导者最后选择。

（3）让下属提出详细的行动计划，由领导者审批。

（4）让下属果断采取行动前及时报告领导者。

（5）让下属采取行动后，将行动的后果报告领导者。

不充分授权是现实中最普遍存在的授权形式，它的特点是较为灵活，可因人而异、因事制宜，采取不同的具体方式。但它同时要求上级和下级、管理者和下属之间必须事先明确所采取的具体授权形式。

弹性授权是综合充分授权和不充分授权两种形式而成的一种混合的授权方式。弹性授权是根据工作的内容将下属履行职责的过程划分为若干阶段。在不同的阶段采取不同的授权方式。弹性授权的精髓在于动态授权的原理。弹性授权具有较强的适应性，当工作条件、内容等发生了变化时，管理者可及时调整授权方式以利于工作的顺利进行。管理者应用弹性授权的技巧在于保持与下属的及时协调，加强双向的沟通。

制约授权是指管理者将职责和权力同时委托和分派给不同的几个下属，以形成下属之间相互制约地履行其职责的关系，如会计制度上的相互牵制原则。制约授权形式的应用要求管理者准确地判断和把握使用的场合。它一般只适用于那些性质重要、容易出现疏忽的工作之中。制约授权在应用中的另一个要点在于，警惕制约授权可能带来的负面效应，过分的制约授权会抑制下属的积极性，不利于提高处理工作的效率。制约授权作为较特殊的一种授权方法，一般要求与其他授权方法配合使用，取其利，去其弊。

3. 注重授权流程与关节点

授权是一个连续性的流程，授权由计划走向具体可操作的方案，关键在于把握这一流程中的关节点，授权的全部奥妙正在于这些关节点之中。一个高效授权的管理者，他的全部授权技能体现在对这些关节点的把握之中。

（1）做好授权准备：扫除授权障碍，明确授权意识，创造授权气氛，制订授权计划；确认任务，有目标授权，针对特定任务授权，任务本身需要整理规范和明确。

（2）选择合适的受权者：根据下属的潜能、心态、人格挑选合适的人完成特定的事。

（3）授权的发布：授权计划的最后商定，宣告授权启动，明确任务及权限，制订考核标准。

（4）进入工作：管理者放手让受权者完成工作，对一般性的工作方式不作干涉。

（5）控制进展：管理者要保证工作以一定速度进行，应当给下属适当压力，让其感到责任，保证工作按计划完成。

（6）约束授权者：注意下属行为偏离计划的倾向，防止授权的负面作用，及时反馈信息，保证授权沿预定轨道前行。

（7）验收工作，兑现奖罚：评价工作完成情况，按预定绩效标准兑现奖励或惩罚，总结授权，形成典范，全面提升管理水平。

4. 把握授权时机

对于一名高效能人士来说，制订了合适的授权计划，掌握了正确的授权方法，接下来要做的就是要把握合适的时机，选择一个适当的时机，切入授权，这个时机的选择对于授权的效果可能会有显著的影响。

这种时机既可能是一些特殊的事件，也可能是一些司空见惯的现象再次出现。把握这种时机，导入授权，能让下属切实感到授权之必要，或避免授权进入过程的生硬。

有效的授权者常在下列情形出现时授权：

（1）管理者需要进行计划和研究而总觉得时间不够。

（2）管理者的办公时间几乎全部用在处理例行公事时。

（3）管理者正在工作，频繁被下属的请示所打扰。

（4）下属因工作闲散而绩效低下。

（5）下属因不敢决策而使公司错过赚钱或提高公众形象的良机。

（6）管理者因独揽大权而引起上下级关系不和睦。

（7）公司发生紧急情况而管理者不能分身处理时。

（8）公司业务扩展，成立新的部门、分公司或兼并其他公司时。

（9）公司人员发生较大流动，由更年轻、更有活力的中层管理者主持各部门、团队工作时。

（10）公司走出困境，要改变以往的决策机制以适应灵活多变的环境时。

授权的导入需要有 3 个基本条件：

（1）管理者头脑中必须形成清晰的思路和完整的授权计划。

（2）选择恰当的时机切入授权。

（3）选择适当的形式宣告授权。

有效决策

高效能人士应当掌握科学有效的决策方法。管理大师杜拉克说过："有效率的经理所作的决策不会很多，因为他要集中精力处理重要的问题。他们所作的是位于最高概念理解层次的少数重要决策。脱离现实，不去了解客户和市场，不了解竞争对手及其产品，这是导致错误的、无效的和低劣的决策的主要原因。"

决策是一个比较、选择的过程。一个高效决策者应当做到多听、善听、集思广益与敢拿主意、大胆决策相统一。面对不断变化的市场，企业的经营方案总是不止一个，决策就是要对各方案进行分析、比较，然后选择一个最佳方案。一个好的决策思想不是限期完成的，而是在反复思考、不断推敲的过程中，在相关事物或其他活动中受启发顿悟而产生和迸发出来的。一个高效的决策者的价值在于做正确的事，同时帮助各管理层的主管正确地做事，把决策落实。

2001 年 11 月 7 日至 8 日，就在多哈会议正式批准中国加入 WTO 前夕，摩托罗拉特意选择在中国北京召开第二次董事会。临行前，他们作出了一个决定：给中国市场下了一份价值 300 亿美元的大单，期限是 5 年。

摩托罗拉董事长、首席执行官克里斯托夫·高尔文先生说："加入 WTO 后的中国是最没有风险的市场。"在华投资总额 34 亿美元，带动供应商投资 40 亿美元，为超过 600 家国内企业的 2 200 名总经理、经理和技术人员培训，拥有 176 家固定国内供应商，2001 年在华采购超过 16 亿美元，在研发方面投入 3 亿美元……这一连串的数字使摩托罗拉稳居"在华最大的外商投资企业"的地位。但很显然，高尔文并不满足于此，在北京召开的全球董事会上，高尔文又作出了一系列重要决策：未来 5 年内，将累计从中国采购价值 100 亿美元的零配件和服务；到 2006 年，摩托罗拉在华年产值将达到 100 亿美元。按此计算，5 年内，摩托罗拉公司累计纳税额将高达 56 亿美元，成为在中国纳税最多的外商投资企业。

我们在工作中经常会面临着各种决策，应该学会像高尔文那样作出正确的决定。如果在你职业生涯的早期阶段就表现出解决问题的能力，那么，你的工作肯定是顺利的。

高效决策是一套系统化的程序。我们要作出有效的决策，需要时刻对外界信息保持敏感，从一个整体的视角看待决策。同时，清醒的头脑和超前的意识对于一个高效的决策者来说也是必不可少的。

1. 用信息指挥决策

美国著名企业家沃尔顿先生说过："在商业经营中，及时捕捉市场信息，进行科学的决策，才能生产出独具特色的产品供给广大消费者使用。"这句话说明，决策者的决策不是靠什么外在的力量和偶然的机遇，只有充分利用现代信息技术，充分发挥掌握前沿信息的优势，依靠自己的眼力观察事物的发展趋势，这样才能作出基于信息的正确决策。

当大量信息向你迎面袭来，有待于及时作出有效决策时，最重要的是对于信息的有用性作出准确判断。此时，一名高效能人士要有能力把这些信息分为4种类型加以考虑：重要的且紧急的；重要的但非紧急的；不重要的但紧急的；非重要非紧急的。一般来说，一位高效能的决策者对此不需要花上太多的时间，特别是对第一类和第四类。而当同时面临第二类和第三类需要作出选择时，就需要作出一些调查，判断哪一类应优先采取决策措施。决策者忙乱不堪有多种原因，其中对于以上这种分类决策的判断不够，是影响其决策效率的重要原因。

另外，决策者决策效率低下还有一个重要的原因，就是他们面临和处理的讯息实际上不属于他们的职责范围，甚至只是他部下或者更下级的主管应作的决策。这种决策层次混乱的做法，使得决策者们到处作救火式的决策，他们是"消防队长"，用"消防龙头"到处救火。其实他们的"消防龙头"里喷射出来的很可能是油而不是水。这种决策常常使一个问题的解决导致更多问题的产生。更为遗憾的是这种做法占用了他们的宝贵时间和精力，影响了他们应作的战略决策，因而是因小失大。

2.好的决策要统筹全局

一个高效的决策者应当从一个整体的视角来看待决策，把决策视为一个系统化的过程。我们知道，任何部门都是由人、物、信息组成的系统。决策者的决策也都是对系统的决策。没有系统就没有决策，决策的系统性不仅为我们认识决策的本质和方法提供了新的视角，而且它提供的观点和方法广泛渗透到决策的各个方面，具体而言，决策的系统性在决策中起统筹作用。

忽视系统化决策的决策者往往会顾此失彼，因小失大。例如埃及建造阿斯旺水坝的决策，本来目的是为了发电和控制水、旱灾害，但由于没把它放在自然环境系统中去考虑，结果破坏了尼罗河流域的生态平衡，遭到了未曾预料到的自然报复，这一切使埃及付出了极其沉重的代价。

有一名企业家，他所领导的企业前身是一个生产人力板车的二三百人的小厂，由于亏损严重，濒临倒闭。市里要求他们改产毛巾，开始上任时，他决心难下。正在这时，A厂派人订购轻便摩托车车圈，误走到了他们的城市，正要往回走，厂长拦住了他们。这位厂长原是干汽车配件行业的，他一面看图纸，一面琢磨："这可是个送上门来的好时机。"

他和厂里的人进行了分析：第一，当时全国四人一辆自行车，可轻便摩托车还是空白，肯定大有发展；第二，A厂的信息表明，许多力量雄厚的大厂要上摩托车，生产车圈肯定要配套；第三，改产毛巾不仅车间、设备、技术要全面改造，还需要50万元投资，可是做摩托车圈的工艺和生产流程同人力车圈相近，不需大的改造。于是，他们当机立断——"截"下了这笔生意。

一个月后，A厂不仅验收了样品，还给了5000元试制费。又经过几个月努力，车圈通过了鉴定，该厂也正式改名为交通机械厂，以后连年盈利。工厂被救活了！

该机械厂起死回生的经过告诉我们，决策绝不是一种简单的思维活动，能够像这名企业家一样以一个整体的眼光来看待决策，有助于统筹全局，作出正确的决策。

3.深谋远虑，洞察先机

一个高效能的决策者应当具有超凡的洞察力，深谋远虑，时时能够先人一步，这样才能作出好的决策。

一位高效能决策者应该能够正确分析现实情势，运用科学的方法，对客观事物的发展趋势作出正确的预测和判断，这样才能作出正确的决策。比如，一个部门在一个时期内，只从眼前利益出发，不以动态的方法去分析事物的发展变化规律，那么它作出的决策不是保守、无所作为的，就是盲目、不切合实际的。如果在进行决策前，不但对当前的实际情况进行正确地分析，而且还从当前形势发展的蛛丝马迹中预见未来的发展状况，那么，在这种情况下作出的决策方能棋高一着。

4. 时刻保持清醒的头脑

合理决策需要我们时刻保持清醒的头脑。在决策过程中容易使人产生错误而被误导的情形主要有以下几种：

（1）情况不明。

类似情况时常在商务谈判中出现，有人因为初次见面的拘谨而不好意思将自己不清楚的地方提出来，而没有仔细反省一下，就参加谈判，甚至不认真思考就匆忙决策，这样是不妥当的。

（2）迷信权威。

靠团体的意见来决策并不能保证决策完全正确。在讨论中，坐在会议室的人都讲同样的话并不是好现象，这里面必然有其他因素存在。当经理讲完或同仁发言时，迫于经理的威严，或不想与同仁争执而伤和气，不少人总是予以附和，讲出雷同或不痛不痒的意见。这往往会使会议主持者和决策人难以了解真实情况，靠此作决定自然会脱离实际。

（3）轻信别人。

很多人往往像精明的推销员一样，常会用自己的口才向别人"推销"自己的观点。但聪明的决策者不会被这表面现象和技巧所诱惑，他会根据多方面的信息作出自己"买"与"不买"的决定。

（4）盲从经验。

如果仍用以前的经验来指导目前的决策，期望从中找到以前的感觉，那只会失去更多认识新事物、把握其特殊性的机会。因此，正确的原则是：过去的经验是成功的总结，但并不一定就是事事皆准的法则。

（5）不了解"原始数据"。

　　真正准确的报表应该是基于各个车间工段的实际情况。很多决策者往往缺乏寻根究底的精神，对来自各方的信息和数字，只要与自己的主张吻合，就认为业务上没问题了，而不愿多下些工夫去挖掘更深一层的情报资料。这就导致他们无法认清问题的根源，当然也无法作出正确的决策。

第四章
杰出员工的 12 个习惯

在职业生涯中，一些看似细微的习惯会使一部分人优秀于其他人，那么，是什么样的特质使优秀员工创造出 10 倍于普通员工的成绩？著名的贝尔实验室和 3M 公司经过近 10 年的研究，终于发现了一条令人吃惊的结论：要成为一名优秀的员工，最重要的不是智商高低，更不是凭社交技巧，而是需要培养良好的习惯，并在实践中运用，发挥出自己巨大的潜能，这样就会成为一名优秀员工。

对重要文件和档案作备份

每一个成功的人做事都有始有终。很多员工过于重视工作的数量而不是质量，他们粗心大意、不求精确，因此产生的错误给公司造成了巨大的损失。

有一个年轻人，大学毕业没多久，进入一家大公司企划部工作，他很珍惜这份工作，并且就就业业地投入到工作中。一天企划部经理叫他为一家企业做个企划方案，当天晚上，他加班加点终于做出一份满意的策划，放心地回家了。

第二天一早，公司例会上，他胸有成竹地打算向经理以及同事展示他的成果，却发现他的电脑瘫痪了，原来储存在电脑中的策划文件也丢失了。后来才知道，原来他走后公司的保安使用了他的电脑，中了病毒才导致瘫痪。而这个年轻人并没有将他辛辛苦苦制作的策划文件做备份，致使他在例会上只能口头将他的完美创意大致表述出来，年轻人的心血白白浪费了大半，留下了很大遗憾。

如果这个年轻人再细心周到些，将文件进行备份，也就不会白白留下这个遗憾，也可以借此机会展现他的才华和能力。由此可见，做事情不仅需要能力，更重要的是认真细致的工作态度。

1. 做事要善始善终

在我们广阔的世界里，随处可见"半拉子"工作带来的危害。这些惨剧的背后，是某些人的粗心大意、工作失误和不追求精益求精的恶习。这些过失无法按照法律条文来惩处。可是，和那些罪犯相比，他们的粗心大意、漫不经心、不认真思考对社会造成的危害更大。在一些情况下，小小的失误或是轻微的误差都会危及生命，此时的粗心大意和蓄意谋杀没有什么区别。

如果每个人都能够认真对待工作、有始有终的话，我们将大大减少人们死亡、受伤和残疾的比率。

大多数年轻人过于重视工作的数量而不是质量。他们想做的很多，但是工作质量不高。他们没有认识到，建立在做好每一件事情、让性格成为自己的商标的基础上的教育、舒适、满足、整体的改善和决心，其意义远远大于做成千上万件半途而废的工作。

美国一个显赫的商人曾说过，很多雇员粗心大意、不求精确，因此产生的错误，每天要使芝加哥损失上百万美元。芝加哥一个大商行的经理说，他不得不在商行里安排很多纠察员，以及时解决那些不求精确、经常犯错的习惯所带来的问题。著名企业家约翰·瓦纳梅科的一个搭档说，每年在他们的公司里，由不必要的错误带来的损失高达2.5万美元。华盛顿邮局的退信部门每年要收到700万封无法投递的信件。这些信中有上百万封连地址都没有写，其中很多的信是来自商务写字楼的。你觉得这些失误的职员们会得到升迁的机会吗？

每一个成功的人做事都有始有终。很多人面临的问题是，他们似乎认为，即使自己的工作质量很差，马马虎虎，他们也能生产出一流的产品。他们不明白，只有拥有极度的细心和高度的责任感，才能成就伟大的事业。

如果我们把目光集中到那些对世界有深刻影响力的人们身上，我们会发现，就像规律一样，这些人没有一个在年轻的时候就引人注目，他们在创业之初也无法预见到自己会有光辉的未来。但与那些被自己的成就冲昏头脑的年轻人相比，他们能够踏踏实实地做好每一天的工作，坚持做完手里的每一件工作，而且做得相当出色。他们成功的秘诀就在于决心、恒心、常理和诚实。

今天的德国人之所以能够在世界上有这样的地位，除了他们对工作质量的高标准、严要求、有始有终之外，别无原因。德国的老板们寻找的是做事有始有终的雇员，而德国的雇员们在这方面的表现也十分优秀。他们的工作成绩斐然，他们工作之前的准备也十分充分。职场中，尤其是在银行业和商业领域内，这样的品质尤为可贵。

优秀的员工，始终要求自己对工作尽心尽力，尤其在看似细小的事情上，更体现了他们可贵的负责精神，做事情有始有终，比如，整理文件、给文件分类、对重要文件和档案作备份，以备不时之需，这些都是一名优秀员工做事有始有终的体现。

2. 做好文件分类

开会在即，老板等着看你精彩的企划案，你正准备拿着熬了数个夜晚的成果向同事展现。在这关键时刻，你怎么也找不到你的文件，面对桌上一片凌乱的局面，你焦急万分，就连电子文档也不知存到哪里去了，最后你只能硬着头皮用口头报告。原本精彩的企划内容无法完整展现，你的心血与专业能力也在表现上大打折扣。

这个时候你应该觉悟了吧？好好整理你的办公桌，运用一些方法归纳用品，把你的创意与重要讯息归纳到一个随时能找到的地方，从此让你的工作更加有效率。

在公司分配的有限空间里运用一些巧思增加自己的工作空间后，还要把文件物品归纳得宜，才能算是成功且能真正得心应手。

电脑进入办公室后，大家预估纸张的使用会减少，但事实却相反。如果说过去的纸张使用量是 1，目前用量却是 1.3，可见电脑化时代并未能真正减少纸张的使用。

把要用而未分类的文件统统整齐地堆叠在一起，放在固定的位置，千万不要散成纸海。这样你要找某一份文件时就有序可循，等看过后再依自己的分类方式归纳好。

初步救急的方式只适用于少量文件，大量的文件还是得靠符合自己工作需求的分类方式来归纳。给每个产品一个大的资料夹，每个资料夹中又分成公关、活动、记者会、展览等，分别用 L 型透明夹收好，做好标签，再整齐收到产品资料夹中，这样就能一目了然。每份文件可能有不同版本，建议每次更新都能注明日期，这样就能快速找到最新版本的文件，如果要追溯之前的内容或查看是否修订有误，也可轻易找到。

除了按产品分门别类，还可以依据经常接触的部门业务来分，例如业务部、行销部、财务部等；或是依文件功能，如合约类、工作报告类、厂商资料类等。重点就是要按自己的工作对象与需求来分类，分类后，最好能利用有索引内页的文件分类来归纳，更方便找寻。

除了纸张文件外，期刊的收藏也占据了很大的空间。经常阅读期刊的人如果把所有的期刊堆叠成一座小山，不仅不利于调阅，还占大量的空间，有时同事借走后不及时归还，也不容易察觉。

可以将期刊有秩序地归档，首先分成周刊、月刊，周刊下又可以再分细一点。每一种刊物按期别顺序排好，种类之间再以小隔板或桌上型小书架隔开，这样调阅非常便利，同事要借阅也方便，不容易遗失。

至于分类到底要分到多细呢？千万不要分得太复杂，复杂的分类系统反而可能造成寻找的不便。一般来说，100 个档案中，每个只装 2 份的文件，不如分类成 20 个档案，每个有 10 份文件来得方便。过于复杂的分类，在一段时间后可能会被你遗忘，让你因为找不到文件而倍感挫折，达不到你原来进行分类想要达到的目的。

3. 善用工具，保存文件

美国电报电话公司在培训员工时会发给员工一些文件整理夹，要求员工将所有杂乱无章的文件存放于文件夹中，规定在 10 分钟内完成，公司借此观察员工是否具有应变处理能力，是否分得清轻重缓急，以及在办理具体事务时是否条理分明。那些临危不乱、作风干练者自然能获得更多的青睐。

整理文件是为保存它们的情报价值，而不是为了收集而收集。所以，存放资料时，编排的方法很重要，要保证这些资料容易检索，当然也要便于保管。

（1）活用文件夹。

过去保存资料都是用打孔机将资料装订成厚厚的一册。这种形式适用于同一类资料和每天都固定的资料，放在书架上，易于查找。

但是，如果将资料装订成厚厚的一册，要找自己所需的资料时，就不那么容易，需要耗费一定的时间，而且也不便于携带。

目前，各公司从节省空间和经费的立场出发，认识到毁弃没有价值的资料的重要性，开始普遍采用文件夹保存资料。这种方式分类清楚，易于查找，没有价值的资料可以及时毁弃，需要存档的及时存档。

使用文件夹保存资料，可以把每一个文件夹都整齐并排地放在文件柜里或者办公桌的右下方的抽屉里，这种方式叫做文件柜式或垂直式保存法。

① 文件夹一般是用硬壳纸对折而成的。在对折处写上资料的名称或类别；

② 文件分类一般只分大类和中类，用硬纸板将不同类别的文件分开，对于各类文件夹要标明它们的区间位置；

③ 使用文件夹保存资料，一般就不用铁钉来装订，但各种票据、日报及简报仍可以用铁钉装订；

④ 资料标签要贴在文件夹上，不同类别的资料要用不同颜色的标签，这样就便于查找，不容易搞混。

（2）文件夹的排列方法。

① 文件夹在文件柜里要按从右到左的顺序排列；

② 文件夹一般是16开，如果资料大于这个尺寸，就将资料对折起来放进去；

③ 文件夹原则上不装订，但对需装订的资料一定要从它的左上角对齐装订，否则看不清这些资料里面的页数；

④ 如果资料需要折起来，就要从正面往背面折。如果折成两折还不好放，再将外面的那一半对折一次。

（3）Windows 中的文件分类管理。

如果你想显示文件夹里文件的详细资料，你可能知道选择“资源管理器”中的“查看详细资料”选项（名称、类型、大小及修改时间）。遗憾的是这些文件的分类仅仅是通过 Microsoft（微软）或者是其他应用软件的一些说明创建的。很多说明性的广告文字占用了大量的磁盘空间（举个例子，每个 Office 文件，类型处都标有 Microsoft），并且这个文件的分类并不见得合理。

一个管理文件的好方法就是用 Power Desk4，一个免费的替代

Windows 资源管理器的软件，可以从"On track"网站上直接下载。根据 Windows 文件分类选项，Power Desk 添加了通过文件扩展名的分类功能。

你还可以通过文件分类选项编辑文件说明的类型，比如你可以把你的图片说明由"Bitmap Image"改成"bmp"；"GIF Image"改成"gif"；"JPEG Image"改成"jpg"。也可以将它们整编分类改成"Images bmp""Images-gif""Images jpeg"，这样所有的图片就按类型排列在一起了。

凡事留心，尤其要在看似微不足道的小事上留心，培养做事善始善终的习惯，这对一个人的影响是深远的。作为优秀的员工，在平时琐碎的工作中，将文件、档案等物品分类管理、保存好，重要的建立备份，是十分必要的。

主动与领导沟通

试着与你的领导握握手，让他知道你在想什么，让他知道如何才能更好地管理员工，他并不是你的敌人，而是你的朋友。

有一位财会专业的女孩到一家公司应聘财会工作，财务经理对她不太满意，但人力资源经理还是给了她一次机会，安排她从事客户工作。结果，这位女孩的表现实在令人失望。她的性格过于内向，不喜欢沟通和交流，既不主动和同事打招呼，也不向"师傅"请教。很多时候，她不明白或者不清楚分配的任务也不会向上司发问，只是按照自己的理解去做，结果总是与上司的要求相差甚远，最终连这唯一的机会也丧失了。

在诸多人才辈出的现代组织中，信守"沉默是金"者，无异于慢性自杀，而正确的工作态度和工作效果，充其量也只能让你维持现状，要想有所提高，必须主动与老板沟通。

阿尔伯特是美国金融界的知名人士。初入金融界时，他的一些同学已在金融界内担任要职，也就是说他们已经成为老板的心腹。他们教给阿尔伯特的一个最重要的秘诀，就是"一定要肯跟老板讲话"。

与上司沟通时，不少人自己在心里设置障碍，变得顾虑重重。这与等级、权威等观念所积淀成的弱势心理有关，也是压力作用的结果。消除顾虑，需在交际中积极锻炼，掌握交际技巧，增强自信心。同时要提高认知水平，就某一个问题，尽量与上司在同一个水平线上进行沟通，并不要放过在电梯间、饭桌旁等地方短暂的沟通机会。生活中最重要的宣传便是向别人宣传自己。和那些级别比你高的人进行有效的沟通不仅是你工作中的重要部分，而且对你的职业生涯也很重要。

1. 沟通无限，却有技巧

一般而言，主动与老板沟通的员工应遵循以下原则：

（1）用聆听开创沟通新局面。

沟通的前提是了解。老板不喜欢只顾陈述自己观点的员工。在相互交流中，更重要的是了解对方的观点，不急于发表个人意见。以足够的耐心去聆听对方的观点和想法，是最令老板满意的，因为这样的员工才是领导人选。

（2）用知识说服老板。

对于日新月异的科技、变化迅猛的潮流，你都应保持应有的了解。广泛的知识面可以支持自己的论点。你若知识浅陋，对老板的问题就无法做到有问必答、条理清楚。而若老板得不到准确的回答，时间长了，他对你就会失去信任和依赖。

（3）聊老板喜欢的话题。

打动老板的最好方法是跟老板谈论他最喜欢的事物。当你这样做时，不仅会受到欢迎，而且会使交流获得扩展。

因此，若你想让老板喜欢你，秘诀就是了解老板的兴趣，针对老板所喜好的话题聊天。

（4）"不卑不亢"是沟通的根本。

虽然你所面对的是老板，但你也不要慌乱、不知所措。不可否认，老板喜欢员工对他尊重。然而，"不卑不亢"这四个字是最能折服老板，最让他受用的。员工在沟通时若尽量迁就老板，本无可厚非，但直白点讲，过分地迁就或吹捧，就会适得其反，让老板心里产生反感，反而妨碍了员工与老板的正常关系和感情发展。你若在言谈举止之间，表现出不卑不亢的样子，从容对答。这样，老板会认为你有大将风度，是个可造之材。

（5）不可锋芒太露。

君子藏器于身，待时而动。你的聪明才智需要得到老板的赏识，但在他面前故意显示自己，则不免有做作之嫌。老板会因此认为你是一个自大狂，恃才傲物，盛气凌人，从而在心理上觉得难以相处，彼此间缺乏一种默契。

（6）沟通时老板和员工是对等的。

在主动交流中，不争占上风，事事替别人着想，能从老板的角度思考问题，兼顾双方的利益。特别是在谈话时，不以针锋相对的形式令对方难堪，而能够充分理解对方。那么，你的沟通结果会是皆大欢喜的。

（7）与老板沟通越简洁越好。

老板都有一个共同的特性，就是事多人忙，加上讲求效率，故而最不耐烦长篇大论。因此，你要引起老板注意并很好地与老板进行沟通，应该学会的第一件事就是简洁。简洁最能表现你的才能，莎士比亚把简洁称之为"智慧的灵魂"。用简洁的语言、简洁的行为来与老板形成某种形式的短暂交流，常能达到事半功倍的良好效果。

（8）不能贬低别人抬高自己。

在主动与老板沟通时，千万不要为标榜自己刻意贬低别人。这种褒己贬人的做法，最为老板所不屑。与人沟通，就是把自己先放在一边，突出老板的地位，然后再取得对方的尊重。当你表达不满时，要记着一条原则，那就是所说的话对"事"不对"人"。不要只是指责对方做得如何不好，而要分析不足，这样沟通过后，老板才会对你投以赏识的目光。

（9）多用限制性提问。

限制性提问仅仅适用于预期目的非常明确的情况下，在情况并不很了解而且没有明确目的时，提问的范围应该大不应该小，应该活不应该死，要给答话者留有能够自由选择的余地。比如，若你在办公室工作，别人用完了扫描仪忘记关了，你不妨问一句："请问您现在还用扫描仪吗？"其效果就比直接说"扫描仪用完以后为何不关"好得多。

2. 化干戈为玉帛

话不说不清，理不摆不明。沟通有时能产生预想不到的效果，尤其是人与人之间有了误解甚至隔阂的时候。而这时沟通的艺术性就显得非常重要。面对上司的冷淡态度，你千万不能意气用事，横眉冷对或无动于衷。

不管谁对谁错，你都得主动与上司沟通，消除隔阂，以免"后患无穷"。

在与上司发生冲突时，主动言和是一种明智的选择，主动言和的表层含义是好汉不吃眼前亏，但它还包括更深的层面：主动言和是运用智慧寻找冲突的最佳解决方案，使问题最终得以处理；主动言和更需要团队精神，发挥团队精神可以使合作得以延续。

在处理冲突的问题上需要冷静，绝不能像个孩子一样在冲突中放任自己，要运用自己的智慧和团队精神与上司及同事尽量合作，让他们发现自己是个理想的合作伙伴，更给自己创造一个良好的工作空间。

若技巧运用得好，和上司论说是非既可以表现自己的才能和远见卓识，又可以帮助上司看到一些问题，以利于企业发展。消除你与上司之间的隔阂是很有必要的，最好自己主动伸出"橄榄枝"。如果是你错了，你就要有认错的勇气，找出造成自己与上司分歧的症结，向上司作出解释，表明自己在以后会引以为鉴，希望继续得到上司的关心。假若是上司的原因，在较为轻松的时候，以婉转的方式，把自己的想法与对方沟通一下，是因为你的一时冲动或是方式还欠周到等原因，无伤大雅地请求上司宽容，这样既可达到相互沟通的目的，又可以为其提供一个体面的台阶，有利于恢复你与上司之间的良好关系。

即使是开明的上司也很注重自己的权威，他们都希望得到下属的尊重，所以当你与上司冲突后，最好让不愉快成为过去，你不妨在一些轻松的场合，比如会餐、联谊活动等，向上司问个好，敬杯酒，表示你对对方的尊重，上司自己会记在心里，从而排除或是淡化对你的敌意；这也同时向别人展示了你的修养和风度。

3. 赢得上司的心

（1）了解上司的处境，尽力帮助他。

当上司的工作中出现失误时，千万不要持幸灾乐祸或冷眼旁观的态度，这会令他极为寒心。此时的你应该帮他总结教训，多加劝慰。持指责、嘲讽的态度易把关系搞僵，使矛盾激化。己所不欲，勿施于人。当你犯错误、失败的时候，也是希望得到别人的帮助、劝慰而非冷嘲热讽甚至落井下石吧？你的上司也是如此，如果你能体谅上司的处境，并且在他需要的时候伸出援助之手的话，你定会得到上司的信任，并会对你另眼相看。

（2）知错就改，不犯同样的错误。

有一个经典的故事。一家电器公司的老板准备物色一位职员去完成一项重要的工作，在对众多的应聘者进行筛选时，他只问一个问题："在你以往的工作中，你犯过多少次错误？"他最终把工作交给了一个犯过多次错误的员工。开始工作前，他交给该员工一本《错误备忘录》，嘱咐道："你犯过的错误都属于你的工作成绩，但是你要记住，同样的错误你只能犯一次。"这说明，上司会给员工犯错的机会，但总是不希望下属犯同样的错误。

（3）对自己的工作主动提出改善意见。

（4）了解上司的喜好。

无论是谁，都会喜欢听别人说一些赞美的话。你的上司也不可能摆脱这种情绪。部下要了解上司的喜好，倘若你在汇报中插入一些上司平素喜欢使用的词，就会让他感到亲切。此外，对上司的工作习惯、业余爱好等都要有所了解。如果你的上司是一个体育爱好者，你就不应在他的球队比赛失败后，去请示一个需要解决的其他问题。一个精明老练、有见识的上司是欣赏了解他并能知道他的愿望和心情的下属的。

（5）接受任务时毫无怨言。

人不要太斤斤计较，中国有一句话：吃亏就是占便宜。这是很有道理的，因为你在一个地方付出了，会在别的地方得到回报。一个公司的成功要靠全体的努力，你要毫无怨言地接受任务。

（6）学习上司的能力，了解上司的语言。

做下属的，脑筋要转得快，要跟得上上司的思维。

今天他能有资格当你的上司，肯定有他自己的一套方法，有比你厉害的地方。因此，你不仅要努力地学习知识技能，还要向你的上司学习，这样才会听得懂上司的言语。当他说出一句话时，你能知道他的下一句话要讲什么吗？这就需要你知道他的语言，能够跟得上他的思维。若不努力地学习上司的优点，那当你的上司已想到10年之后的发展宏图，你才看到下个月的计划时，你跟他的差距就会越来越大，此时，想要他重用你、提拔你是不可能的事情。

（7）回答上司的询问时要做到：问必答，答必详。

如果上司问你话，一定要有问必答最好还是问一句答三句，让上司清楚地了解情况。你回答的比上司问的多，可以让上司放心；若你回答的比上司的问话还要少，则会让上司忧虑，这不是一个聪明员工的做法。

（8）主动报告你的工作进度。

作为一个下属，你有多少次主动向上司报告你的工作进度？须知，经常地向上司报告，让上司知道你的工作进度，让他放心，才能让他继而产生好感。对上司来说，管理学上有句名言：下属对我们的报告永远少于我们的期望。可见，上司都是希望从下属那里得到更多的报告。因此，做下属的越早养成这个习惯越好，上司一定会喜欢你向他报告的。

比别人多做一点儿

一个优秀的员工永远不会缺乏主动工作的精神，他永远都会保持自动自发的精神，每天多做一点，就是很好的体现。

当亨利·瑞蒙德在美国《论坛报》做责任编辑时，刚开始时他一星期只能挣到6美元，但他还是每天平均工作13～14个小时。往往是整个办公室的人都走了，只有他一个人在工作。"为了获得成功的机会，我必须比其他人更扎实地工作，"他在日记中这样写道，"当我的伙伴们在剧院时，我必须在房间里；当他们熟睡时，我必须在学习。"后来，他成为了美国《时代周刊》的总编。

"刻苦勤奋"向来是所有成功者的不二法则，他们取得的成功不是依靠别人或者关系，而是靠自己付出比常人多出几倍的努力。

1. 享受工作带来的快乐

如果你以为自己的工作是乏味的，如同一种苦役就会产生抵触的心理，这最终会导致你的失败。

一个人做事的好坏，只要看他工作时的精神、态度就可以了。如果你对工作是被动而非主动的，像奴隶在主人的皮鞭督促之下一样；如果你对工作感觉到厌恶；如果你对工作毫无热忱和爱好之心，无法使工作成为一种享受，而觉得如同一种苦役，那你在这个工作上绝不会取得重大的成就。

有这样一个故事，一天，主人把货物装在两辆马车上，让两匹马各拉一辆车。

在路上，一匹马渐渐落在了后面，并且走走停停。主人便把后面一辆车上的货物全放到前面的车上去。当后面那匹马看到自己车上的东西都搬完了，便开始轻快地前进，并且还对前面那匹马说："你辛苦吧、流汗吧，你越是努力干，主人越要折磨你。"

到达目的地之后，有人对主人说："你既然只用一匹马拉车，那么你养两匹马干嘛？不如好好地喂一匹，把另一匹宰掉，总还能拿到一张皮吧。"于是，主人便真的这样做了。

如果对工作存在着抱怨、消极和斤斤计较的心理，那么，你对工作的热情、忠诚和创造力就无法被最大限度地发挥出来，这只不过是在混日子罢了！

一些人认为只要准时上班，不迟到、不早退就是完成工作了，就可以心安理得地去领所谓的报酬了。那些每天早出晚归的人不一定是认真工作的人，他们是在工作中远离了"工作"，不愿意为此多付出一点，更没有将工作看成是获得成功的机会。

应该在心中立下这样的信念和决心：

从事工作，必须不顾一切，尽最大的努力。如果你对工作不忠实、不尽力，甚至把它当成是一种苦役，那将贬损自己，糟蹋自己，更不会从工作中获得走向成功的机会。

2.让"主动"成为你的标签

假若老板的周围缺乏主动工作者，而你如果具有强烈的主动工作的精神，你自然能得到重视，受到重用。

如果只有在别人注意时才有好的表现，那你永远无法达到成功的顶峰。最严格的标准应该是自己设定的，而不是由别人要求的。如果你对自己的期望比老板对你的期望还高，那么你便无须担心会失去工作。同样，如果你能达到自己设定的最高标准，那么升迁也将指日可待。

事实证明，主动工作的人能从工作中学到比别人更多的经验，而这些经验便是你向上发展的基石，就算你以后换了地方，从事不同的行业，丰富的经验和良好的工作方法也必会给你帮助。

有些人习惯地具有主动工作的精神，任何工作一接手就废寝忘食，但有些人则需要培养主动工作的习惯。如果你自认为主动工作的精神还不够，那就强迫自己主动工作，以认真负责的态度做任何事，让主动工作成为你的习惯。

工作需要热情和行动，工作需要努力和勤奋，工作需要积极主动的精神。只有以这样的态度对待工作，我们才可能获得工作所给予的更多的奖赏。

应该明白，那些每天早出晚归的人不一定都是认真工作的人，那些每天忙忙碌碌的人不一定都是圆满完成工作的人，那些每天按时打卡、准时出现在办公室的人不一定都是尽职尽责的人。对每一个企业而言，他们需要的绝不是那种仅仅遵守纪律，却缺乏热情和责任感，不能够积极主动工作的员工。

工作不是一个关于干什么事和得什么报酬的问题。工作就是自动自发，工作就是付出努力，正是为了成就什么或获得什么，我们才专注于什么，并为之付出精力。从这个本质的意义说，工作不是我们为了谋生才去做的事，而是我们用生命去做的事！

明白了这个道理，并以这样的眼光来重新审视我们的工作，工作就不再成为一种负担，即使是最平凡的工作也会变得意义非凡。在各种各样的工作中，当我们发现那些需要做的事情——哪怕并不是分内的事的时候，也就意味着我们发现了超越他人的机会。因为在主动工作的背后，需要你付出的是比别人多得多的智慧、热情、责任、想象力和创造力。

3. 比别人多做一点

许多人更愿意找些借口来搪塞，而不是努力成为卓越者。因为人必须付出巨大的努力才能够成为卓越的人，但是如果只是找个借口搪塞自己为什么不全力以赴，那可真是不用费什么力气。

你需要付出相当的代价才能让自己变得优秀；如果你想跑得更快、跳得更高，也需要付出更高的代价。一个成功的推销员用一句话总结他的经验："你要想比别人优秀，就必须坚持每天比别人多访问 5 个客户。""比别人多做一点"，这几乎是事业成功者高于平庸者的秘诀。

美国著名出版商乔治·W.齐兹 12 岁时便到费城一家书店当营业员，他工作勤奋，而且常常积极主动地做一些分外之事。他说："我并不仅仅只做我分内的工作，而是努力去做我力所能及的一切工作，并且是一心一意地去做。我想让我的老板承认，我是一个比他想象中更加有用的人。"

有时你甚至不必比别人多做很多，只需一点，就可以使你从众人中脱颖而出。这是著名投资专家约翰·坦普尔顿通过大量的观察研究得出的一条很重要的真理："多一盎司定律"。他指出，取得突出成就的人与取得中等成就的人几乎做了同样多的工作，他们所作出的努力差别很小——只是"多一盎司"。一盎司只相当于 1/16 磅。但是，就是这微不足道的一点点区别，却会让你的工作大不一样。

这好比两个人参加马拉松比赛，在奔跑两个小时以后，都已经完成了 42 公里的赛程，还有不到 200 米，就将到达终点。当时的情况是，两个人都十分劳累、难受。前者选择了放弃，而后者则坚持了下来。相对于他跑过的漫长路程，余下这一段短短的距离所具有的价值和意义是不言而喻的，没有这几步，此前的努力将变得毫无意义；有了这几步，就成了一个马拉松的胜利者。取得中等成就的人只是少跑了几步，不幸的是，那是最有价值的几步。

"多一盎司定律"可以运用到人类努力的每一个领域中。这一盎司把赢家跟一些入围者区别开来。在朝气蓬勃的高中足球队中，你会发现，那些多做了一点努力、多练习了一点的小伙子成为了球星。他们在赢得比赛中起到了关键性的作用，他们得到了球迷的支持和教练的青睐，而所有这些只是因为他们比队友多做了那么一点努力。

多加一盎司，工作可能就大不一样。保质保量完成自己的工作的人是合格的员工。但如果在自己的工作中再"多加一盎司"，你就可能成为优秀的员工。主动在工作中"多加一盎司"的人，每天都在向人们证明自己更值得信赖，而且自己还具有更大的价值。

4. 每天多一些努力

莉萨是一家公司的秘书。她的工作就是整理、撰写、打印一些材料。莉萨的工作单调而乏味，很多人都这么认为。

但莉萨觉得自己的工作很好，莉萨说："检验工作的唯一标准就是你做得好不好，不是别的。"

莉萨整天做着这些工作，做久了，莉萨发现公司的文件中存在着很多问题，甚至公司的一些经营运作方面也存在着严重的问题。

于是，莉萨除了每天必做的工作之外，她还细心地搜集一些资料，甚至是过期的资料，她把这些资料整理分类，然后进行分析，写出建议。为此，她还查阅了很多有关经营方面的书籍。最后，她把打印好的分析结果和有关证明资料一并交给了老板。老板起初并没有在意，一次偶然的机会，老板读到了莉萨的这份建议。这让老板非常吃惊，这个年轻的秘书居然有这样缜密的心思，而且她的分析井井有条，细致入微。后来，莉萨的建议中很多条都被采纳了。

老板很欣慰，他觉得有这样的员工是他的骄傲。

当然，莉萨也被老板委以重任。

"每天多一些努力"，不是语言上的自我表白，而是行动上的真正体现。如果你能够真正做到这些，你就会在工作中脱颖而出。其实做到这些并不难，比领导要求的上班时间早到一些，利用这点儿时间把一天的工作整理清楚，这样不至于让一天过得混乱；主动对待工作，不要等领导追问时才想到工作还没有做完；如果能迟一点回家，那么就利用下班的时间把一天的工作整理一下，看看哪些还没完成，需不需要加班，今天哪些工作完成得比较漂亮，哪些做得不够好，哪些需要改进，然后为自己今天的努力奖励自己一下。

如果你每天都能坚持这样，那么你会有怎样的进步呢？不要以为领导整天什么都没看见，领导的眼睛长在你的脑后，你做什么他都看得清楚明白。不过，这些努力不只是做给领导的，关键是你自己从中获得了经验的积累、知识的补充，而且还获得了令人青睐的精神砝码——责任和忠诚，这会增加一个人的分量。

现代社会的人们仅全心全意、尽职尽责地工作是不够的，还应该比自己分内的工作多做一点，比别人期待的更努力一点，如此可以吸引更多的注意，给自我的提升创造更多的机会。

你没有义务做自己职责范围以外的事，但是你也可以选择自愿去做，以驱策自己快速前进。无论你是管理者还是普通职员，

"每天多做一点"的工作态度能使你从竞争中脱颖而出。你的老板、上司、委托人和顾客会关注你、信赖你，从而给你更多的机会。

"每天多做一点"也许会占用你的时间，但是，你的行为会使你赢得良好的声誉，并增加他人对你的需求。

有种种理由可以解释，你为什么应该养成"每天多做一点"的好习惯——尽管许多人没有这样做。其中两个原因是最主要的：

第一，在建立了"每天多做一点"的好习惯之后，与四周那些尚未养成这种习惯的人相比，你已经具有了一种优势。这种习惯使你无论从事什么职业，都会有更多的人指名道姓地要求你提供服务。

第二，如果你希望将自己的右臂锻炼得更强壮，唯一的途径就是利用它来做最艰苦的工作。相反，如果长期不使用你的右臂，让它养尊处优，其结果就是使它变得虚弱甚至萎缩。

因此，我们不应该抱有"我必须为老板做什么"的想法，而应该多想想"我能为老板做些什么"。一般人认为，忠实可靠、尽职尽责完成分配的任务就可以了，但这还远远不够，尤其是对于那些刚刚踏入社会的年轻人来说更是如此。要想取得成功，必须做得更多、更好。一开始我们也许从事秘书、会计和出纳之类的事务性工作，难道我们要在这样的职位上做一辈子吗？成功者除了做好本职工作以外，还需要做一些非同寻常的事情来培养自己的能力，从而引起他人的关注。

如果你是一名货运管理员，也许可以在发货清单上发现一个与自己的职责无关的未被发现的错误；如果你是一个过磅员，也许可以质疑并纠正磅秤的刻度错误，以免使公司遭受损失；如果你是一名邮差，除了保证信件能及时准确地到达，也许可以做一些超出职责范围的事情……这些工作也许是专业技术人员的职责，但是如果你做了，就等于播下了成功的种子。

付出多少，得到多少，这是一个众所周知的因果法则。也许你的投入无法立刻得到相应的回报，但也不要气馁，应该一如既往地多付出。回报可能会在不经意之间，以出人意料的方式出现。最常见的回报是晋升和加薪。除了老板以外，回报也可能来自于他人，以一种间接的方式来实现。

勇于承认错误

人应该勇于及时地承认自己的错误。掩饰自己的错误，将会犯下更大的错误。如同人为了一句谎言，会用更多的谎言来掩饰一样。

戴尔·卡耐基时常带着自己心爱的小狗到自己家附近的森林公园去散步。为了保护游客的安全，这个公园里有个规定，必须为狗戴上口罩、拴上链条，才可以进入公园。一开始，卡耐基按照规定遛狗，可是看到自己的爱犬一副可怜的模样，他很不忍心，于是就将口罩和链条取下，让爱犬无拘无束地在公园里玩耍。

没想到这被一位公园里的警察看到了，他走了过来，对卡耐基说："你没有看到公园门口贴的公告吗？"

卡耐基争辩道："噢，我的狗是不会咬人的。"

警察一听，厉声警告卡耐基："法官可不会管你的狗会不会咬人，这次放过你，下次再被我看到了，你自己对法官说去！"

过了几天，卡耐基一大清早就带上爱犬，到公园里一处很空旷的地方溜达，看看四下里无人，于是又将狗口罩和链条给取了下来。

说来也巧，上回碰到的那个警察又不知从哪里钻出来了。卡耐基见到警察慢慢地走过来，心想大事不妙，这下肯定逃不掉了。根据上次的经验，和他争辩只会让他更恼火。

卡耐基想了想，做出满面羞愧的表情迎上前去。

他故意很难为情地对警察说："警官，对不起。你才警告过我，我又错了，我有罪，你逮捕我吧！"

警察愣了一下，笑意爬上原本严肃的脸庞，他很温和地对卡耐基说："我知道谁都不忍心看到自己的狗一副可怜兮兮的模样，何况这里没什么人，所以你取下了口罩。"

卡耐基轻声回答道："但是，这样做是违法的。"

警察望了望远处说："这样吧！你让小狗跑到那个小山丘后头，让我看不见，这件事就算了。"

卡耐基谢过警察，带着小狗很快就跑得无影无踪了。

有时候，承认错误并非很困难，只要做到了，你会发现承认错误会带给你更多的谅解和轻松。

1. 勇敢说出："我错了！"

一个人做错了一件事，最好的处理方法就是老老实实地认错，而不是去为自己辩护和开脱。这是一种做人的美德，也是为人处世的高深的学问。

有些员工在工作中出现错误时，就会找出一大堆借口来为自己辩解，并且说起来振振有词，头头是道。比如："交货迟延，这完全是企管部门的失误""质量不佳，这都要怪质检部门工作的疏忽，与我没有关系""我的工作都是按公司的要求去做的，错不在我"等等。

你认为找借口为自己辩护，就能把自己的错误掩盖，把责任推个干干净净，但事实并非如此。可能老板会原谅你一次，但他心中一定会感到不快，对你产生"怕负责任"的印象。你为自己辩护、开脱不但不能改善现状，所产生的负面影响还会让情况恶化。

有一位毕业于名牌大学的工程师，既有学问又有经验，但犯错误后总是自我辩解。该工程师应聘到一家工厂时，厂长对他很信赖，事事让他放手去干。结果却发生了多次失败，而每次失败都是工程师的错，可工程师都有一条或数条理由为自己辩解，说得头头是道。因为厂长并不懂技术，常被工程师驳得无言以对。厂长看到工程师不肯承认自己的错误，总是推卸责任，心里很是恼火，最后让工程师卷铺盖走人。

一些人认为，拒不认账的好处在于不为后果负责；就算要负责，也把相关的人都包括在内，谁也逃脱不了干系。这样，能推就推，能躲就躲。实际上，既然你已经犯有错误，拒不认账的结果是弊大于利。首先，你铸成的大错是尽人皆知的，人的抵赖只能让人觉得你太顽固。如果犯的错误的人证、物证俱存，责任又逃避不了，再抵赖也只是枉费心机。如果是鸡毛蒜皮的小错，那就更不用顽固，顽固会造成你在同事心目中更坏的印象，真是得不偿失。敢做不敢当的印象形成后，顶头上级不敢再用你，怕你有朝一日也拉他们下水；同事也不敢与你合作，怕你故伎重演。而且你一旦拒不认错，形成习惯，那还谈得上培养解决问题的能力吗？——你会认为自己"一贯正确"。

承认错误，就有可能承担责任，独吞苦果。但在绝大多数情况下，别人都不会一棍子打死你的，既然人认错了，还要怎样呢？况且认错本身就是替上级分担责任，主动取咎，上级再抓住你不放，显然也有损他的形象。

2. 为自己辩解的小丑

许多人都会尽力为自己的错误进行辩护，而明智的人都会这样去做——他承认自己的错误，这会使他出众，并给人一种尊贵、高尚的感觉。例如，历史所载的关于李将军的一件最完美的事，就是他为毕克德在葛底斯堡冲锋失败后进行的自责。

毕克德在战场上的无畏冲锋，无疑是美国史上最光荣生动的英雄之举，毕克德是个风流的人物。他把他赭色的头发留得很长，几乎长及肩背；而且，像拿破仑在意大利的战役中一样，他在战场上几乎每天写下热烈的情书。在那惨痛的 7 月的一个下午，他歪戴着漂亮的帽子，得意地骑着马向联军的阵线冲去，士兵们欢呼着跟随着他，人挤着人，大旗飞扬，刺刀在阳光中闪烁，那真是一幕壮丽的景观，联军看见他们时，顿时响起了一阵低声的赞美。

毕克德的军队踏着轻快的脚步，迅速前行，突然，联军的大炮向他们的队伍开始轰击，隐伏在墓山脊的石墙后面的联军步兵向毕克德的军队开火，瞬间，整个山顶变成火海，成了一个杀戮的场所。在几分钟内，除了一个旅长外，毕克德所有的旅长都被击倒了，5000 名冲锋的士兵中有 4/5 倒了下来。

毕克德带领着军队做最后一次冲杀，他跃过石墙，把帽子放在他的刀顶上摇着，大呼："杀啊，孩子们！"

士兵们跟着跳过墙头挺着刺刀，同联军展开了一场短兵相接的战斗，终于把南军的战旗插在了墓山脊上。

但大旗只在那儿飘了一会儿就消失了。毕克德的冲锋虽然光荣、勇敢，但却是终场的开始。李将军失败了，他不能深入北方。南方失败了。

李将军极其悲痛和震惊，他向南方同盟政府的总统戴维斯提出辞呈，要求另派"一个年富力强的人"。如果李将军要将冲锋的惨痛失败归罪于别人，他可找出数十个借口来：有些师长不胜任，马队到得太迟，不能协助部队进攻，这事错了，那事不对等等。

但李将军没有责备别人。当毕克德打了败仗，带着流血的小队挣扎退回同盟阵线的时候，李将军只身骑马去迎接他们，并自责："这都是我的过失，"他说，"我，我一个人战败了。"

坦率认错的好处还在于，首先为自己树立敢作敢当的形象。承担责任，不推诿过失，上级放心，下属尊敬，同事喜欢，认一个错又有什么大不了的呢？其次，要勇敢地面对错误，今后才能避免错误，从而及时提高自己的水平和能力，错误成了上进的磨刀石。最后，坦率承认错误，虽然得到了上级的训斥，无形中处在受难者的地位，但众人从心理上往往是同情受难者的，获得的是人心。既然挨了训，上级再罚也不至于太狠，人毕竟都有同情心。

所以，人不怕犯错误，就怕犯了错误以后不认错、不改错。坦率地承认错误，并想办法补救，在今后的工作中加以改进，便会得到人们的信任。

3. 弥补自己的过失

有些人认为犯错误有失自尊，面子上过不去，因此害怕承担责任，是害怕被惩罚。与这些想法恰恰相反，勇于承认错误，给人的印象不但不会受到损失，反而会使别人尊敬你、信任你，你在别人心目中的形象反而会高大起来的。

乔治是一家商贸公司的市场部经理。他在任职期间曾犯了一个错误，由于没经过仔细调查研究，他就批复了一个职员为纽约某公司生产5万部高档相机的报告。等产品生产出来准备报关时，公司才知道那个职员早已被"猎头"公司挖走了，那批货只要一到纽约就会无影无踪，货款自然也会打水漂。

乔治一时想不出补救对策，一个人在办公室里焦虑不安。这时老板走了进来，见乔治的脸色非常难看，就想问乔治怎么回事。还没等老板开口，乔治就立刻坦诚地向他讲述了一切，并主动认错："这是我的失误，我一定会尽最大努力挽回损失。"

老板被乔治的坦诚和敢于承担责任的勇气打动了，答应了乔治的请求，并拨出一笔款让他到纽约去考察一番。经过努力，乔治联系好了另一家客户。一个月后，这批照相机以比那个职员在报告上写的还高的价格转让了出去，乔治的努力得到老板的嘉奖。

一个人犯了错误并不可怕，怕的是不承认错误，不弥补损失。

偶尔犯了错误无可厚非，但从处理错误的态度上，我们可以看清楚一个人。老板欣赏的是那些能够正确认识自己的错误，并及时改正错误加以补救的职员。

成功来自于在错误中不断学习，因为只要从错误中学得经验、吸取教训，就不会再重蹈覆辙。只要坚持并且有耐心，认识错误，改正错误，弥补错误，就能吸取经验，取得成功。

4. 如何说"对不起"

（1）道歉时态度一定要诚恳。

美国学者苏珊·杰考比说："在我最初的记忆中，母亲对我说，在说'对不起'时，眼睛不要看着地上，要抬起头，看着对方的眼睛，这样人家才会明白你是真诚的。我母亲就这样传授了良好的道歉艺术：必须直率，必须不是在假装做其他事情。"道歉并非耻辱，而是真挚和诚恳的表现。

（2）道歉要堂堂正正，不必奴颜婢膝。

学会道歉，检讨自己、纠正错误，是一种美德和值得尊敬的事，因此不必躲躲闪闪、羞羞答答，但也不必夸大其词，一味往自己身上揽过。那样，别人不仅不会接受你的道歉，反而觉得你很虚伪。

（3）道歉一定要及时。

即使不能马上道歉，日后也要抓准时机及时表示自己的歉意。被评为"时代鼓手"的闻一多先生，早年曾是"新月派"诗人，曾同鲁迅作对。后来，当他发现自己错了时，鲁迅先生已经逝世了，于是他便借纪念鲁迅先生的大会，当众表示自己对鲁迅先生的深深歉意。他说："反对鲁迅先生的还有一种自命清高的人，就像我自己这样的一批人。"讲到这里，他忽然转过头去，望着墙上挂着的鲁迅遗像深深地鞠了一躬，然后说："现在我向鲁迅忏悔：鲁迅对，我们错了。当鲁迅受苦受难时，我们都正在享福。如果当时我们都有鲁迅先生那样的硬骨头精神，哪怕只有一点，中国也不会像现在这样了。"对于闻一多这种坦诚直率的品德，与会者无一不报以热烈的掌声。可见，及时道歉，在很大程度上可以弥补言行不当带来的不良后果。

在实践中，应注意以下几点：

（1）放下面子，及早认错。

很多人一做错事，就会搬出很多理由试图保护自己，也有人碍于面子而不肯诚实认错。殊不知这样做，反而会遭致相反效果，做错了事，最重要的应该是"自己先认错"，唯有自己勇于认错，才能期望对方以"人非圣贤，孰能无过"的宽大态度给予谅解。

（2）用身体认错。

所谓"用身体"是指所表现的态度要发自内心真诚的感情。光是嘴巴认错，而态度却草率轻浮，这种认错，当场就会引起对方的反感。对方在意的是你的态度，而不是你的言词。态度是否真诚，才是决定言辞动听与否的重点。

（3）简洁扼要地说明事情经过。

极力地为自己辩解会招致对方不谅解，但简洁扼要地说明事情经过和失败的理由，却也是必要的，因为，这样对方才能明了事情的状况。

（4）尽快做好自己能力范围内的善后工作。

自己做错事而遭致别人的非难时，应该了解对方之所以那么生气的原因。设身处地为对方着想，尽快完成自己力所能及的善后工作。

（5）即使有机会辩解，还是要谦虚，言行不可冲动冒失。

有话要说，应该采用"请教""请问"的谦虚态度。

当然，如果你觉得道歉的话说不出口，或者是由于某种场合的特殊性不便说出口，不妨用别的办法来替代一下也可以。比如，送一束鲜花、做一个动作甚至递一个眼神，等等。在一次宴会上，丘吉尔先生和他的夫人面对面坐着。这时，人们看见丘吉尔先生的一只手在桌子上来回移动，两个手指向着夫人的方向弯曲，便问丘吉尔夫人："您丈夫为什么这样若有所思地看着您？他那弯曲的手指来回移动又什么意思呢？"丘吉尔夫人介绍说："在离家之前，我俩发生过小小的争吵，现在他正在承认过错，用弯曲的手指向我道歉呢！"

不打越级报告

通常打越级报告是一种危险的行为，会产生众多不良后果，往往容易伤害到自己。

张涌大学毕业后到某报社文艺部工作，担任副刊编辑。他毕业于大众传播系，理论基础扎实，才思敏锐。参加工作几年间，由他编辑发表的不少作品被国内多种文摘类报刊转载。他自己还勤奋创作，先后在各大报刊发表了大量作品，引起业内人士的广泛关注。而且，在他的努力下，文艺部开展了不少群众性的工作，均取得良好的效果。由于张涌越来越受到同事的尊重，影响渐大，部门主管慢慢地感到了他对自己的威胁，开始排挤张涌，对他的合理化建议也不予采纳。

久而久之，张涌和部门主管的关系变得微妙起来，俩人中间出现了一条无形的沟壑。

张涌不仅多才敬业，而且在事业上具有一定的开拓精神和创新意识。由于和部门主管关系的"不妙"，他的一些想法无法付诸实施。于是，他干脆越过部门主管直接和总编去谈，谈他的计划和设想，希望得到总编的支持。

结果不难预料，张涌的计划不但没能得到总编的支持，还引起了部门主管强烈的反感。

对于总编来讲，在张涌和部门主管之间，他不能不考虑中层干部的威信、情绪等因素，不能不维护管理阶层；再者，越级报告，事实上破坏了正常的管理模式，这使总编很忧虑。

越级报告失败，张涌的处境可想而知，和部门主管关系的恶化，致使他的工作处于极端被动的状态；无奈，他提出申请，要求调离文艺部，去其他部门工作。

1. 绝不要低估你的上级

要影响上司，最基本的一点就是不能轻视上司。要学会从心底里尊重他，这样也就能赢得他对你的尊重。只有相互尊重、相互信任，下属才有影响上司的资本。

作为下属，永远也不要觉得自己比上司高明。如果你轻视上司，以为他才疏学浅，你的上司也会觉得你没有教养，或是因此而厌恶你，因为感觉是相互的。如果你觉得你的上司没能力、没水平，你糊弄他、控制他、指责他，甚至在背后诋毁他，那你注定会失败，因为任何人都不会容忍部下对自己不尊敬，上司能成为上司肯定有其理由。不要忘记，你的上司所能够支配的公司内部和外部的资源比你多。一般说来，他对本公司内部事务的处理经验也会比你多。

永远不要低估上司的能力（或实力）。或许你的上司看上去有些文墨不通，甚至有时不那么诚实，但是必须牢记：无论在什么情况下，高估上司都没错。只要把握分寸，注意不要让他感觉自己是在被吹捧。如果你轻视自己的上司，结果必然是既被他看穿了你的"小把戏"，他会认为你很浅薄、无知，进而将工作中的一些问题归咎于你。

作为下属，要尊重自己的上司，并协助上司取得成功。一般情况下，下属不太可能从职位或声望上超过其上司，假如上司没有得到提升，那么下属往往也只能被埋没在他的下面，相反，如果上司工作很成功、并迅速得到提升，其下属也就比较容易取得成功。

因此，一定要清醒地认识自己的地位，什么事情是自己的权力和责任，什么事情不应过问，更不可越级行动。

2.莫忽视"第二领导"

第二领导，即我们常说的"二把手"，是相对于"一把手"而言的，相当于一个单位中地位居第二的领导。

可能是基于传统心态的考虑吧，许多员工往往忽视了"二把手"的作用，因为他们以为有劲儿要使在刀刃上，要找关键人物，要找说话算话、一句顶一句的人。只要"一把手"点了头，还有什么事不好办呢？至于"二把手"不得罪就行了。须知这样一来，反而欲速则不达，"将登太行雪漫山，欲渡黄河冰塞川"，忽视"二把手"所造成的后果，会成为一些职员在职场晋级之路上难以预料的障碍。

长期以来，已经形成了一种心理定式，那就是什么人受人尊重，有能力、有学问、有头脑，有良好的品德，我们就跟他比较亲近；如果什么人专门"斗心眼"，一心钻营，我们往往躲着他们，疏远他们。在对待不同上司的态度上，也往往以权取人，认为谁官大，跟谁的关系好就行，其他副职领导不太重视，结果呢？自己给自己设置绊脚石，只好磕磕绊绊地走在艰难的谋职路上。

历史上也有一个值得深思的故事，印证了忽视"二把手"会带来不利后果的说法。

三国时的曹丕是曹操的大儿子，他和自己的弟弟曹植争夺太子的宝座。曹丕素日尊敬所有父亲身边的人，连曹操的一个宠妃也替他说话，这样曹操就把他立为继承人，最终顺利地登上了宝座，成了历史上赫赫有名的魏文帝。曹植因为平时只信任父亲曹操，却对父亲的部属及左右的人不屑，人气不足，因此在争夺太子位中失利。后来他也饱受兄长的威逼，终究郁郁不得志而亡。

现在看来，曹植对父亲的作用过于夸大。他以为父亲是说一不二的一国之主，只要父亲喜爱自己，就不必顾忌他人了。曹丕就比较聪明，他调动了父亲方方面面的"二把手"为自己说话，终于登上了皇位。

"二把手"出于其地位上的原因，比"一把手"更需要尊重和理解，他们虽然不能说一句顶一句，但他们有自己的圈子和能量，千万不要低估，更不能回避，否则容易产生一些不必要的误会。

3. 尊重直属上司的意见

尊重直属上司的意见，保持对领导尊重，处处替领导着想，领导最终会为你的忠诚所感动。切不可流露出对上司意见不屑一顾的神色，一定要把谈论工作同个人的能力或尊严区别开来，时刻留意，不能把对工作的看法误当作对人的看法；也不能让对方误解，认为自己对领导本人有看法。只要让上级感到，你仍然是在维护他的权威，你的意见是针对工作而非是借工作之名行人身攻击，他们多半会冷静下来，仔细考虑你的想法。

领导始终是权威，拥有决策权，而你只不过是一种建议或参谋。因此，在说明自己的想法时，要以一种能让上司更容易接受的方式，语气要温和，言辞要中肯，重要的是有分析、有根据，条理清晰、能够说服别人，不要选用那些过于肯定的词语或方式，而是要用建议的语气委婉地加以表达。比如说："是否可采用这样的方式？""我觉得应该向您反映一些情况……""我想这样是不是会更好些？也许这些看法会对您的计划有所补充"。

对领导说明看法，下属应根据领导的性格、情绪、环境等相机而动，选择一个最能使他接受别人意见的机会：在公开场合不如私下里提建议，事已确定就不如事情尚处酝酿中提建议，领导正发脾气就不如等他心平气和时提建议，在领导心绪低落时就不如在领导较得意时提建议。

作为一名优秀员工，重视你的直属上司，尊重直属上司的意见，是一种不可少的重要习惯。

4. 与上司和平相处

人在职场，不可能遇到的都是容易相处的上司，有的上司也许有这样那样的缺点，面对这种情况，作为优秀员工，你只能选择与老板和平相处，以下的 4 种认知心态，可以帮助你更健康地面对上司。

（1）接受"你没有其他选择"的事实。

接受这个简单的事实，你将有个好的开始。多数人工作是为了付账单、供自己吃穿，如果要说还有什么好处，无非就是为了工作兴趣。你当然应该热爱你的工作，但对大多数人来说，工作主要是为了现实需求。所以，就算老板趾高气扬地在面前走来走去，你也不需要因此而辞职。

（2）和大家一样撑下去。

与其一味忍耐，何不好好调整态度，设法充分利用目前的情势呢？你需要老板的程度更甚于他对你的需要，结论就是这么回事。每个人都可以被换掉，但你比老板更容易有这种下场。认清这些根本事实，能帮助你采取积极的态度走向成功。

（3）撇开个人因素。

把事情想成和自己有关，是人的天性。与他人相处时，人类天生的自恋性格常让我们觉得自己最重要；当我们不过是大戏中的小角色时，我们却以为自己演的是主角。很少有人会想到，组织越大，权力等级越复杂，就连企业总裁也有顶头上级，要是总裁惹恼了股东，一样会被免职。要是老板受到上头的压力，他大概会开始紧盯着你，所以别让自己成为老板的"出气筒"。

（4）完美的工作与完美的老板都是神话。

在你认识的人里，有多少人拥有十全十美的工作？包括理想的工作环境、企业文化、好相处的上级与同事等；它是上班族的极乐天堂，里面既没有贪婪，也没有暗箭伤人。这种情形永远不会发生，因为完美的工作只是一种美好的幻想，就连规模最小的公司也会有竞争。

在某种程度上，理想主义是好的，但你必须从现实的角度来看世界，而不是从自己期望的角度。人类是有缺陷、不完美的生物。亚里士多德有句名言："人类天生就是搞政治的动物。"你也是其中之一。所以别浪费时间寻找完美的工作或公司了，它们只是你脑海中的海市蜃楼。

守 时

"守时"是纪律中最原始的一种，无论上班、下班、约会都要守时。守时既是信用的礼节、公共关系的首要环节，也是优秀员工所必备的良好习惯。如果你想结交朋友和有影响力的人，就要守时。

一位朋友向周总推荐了一位印刷公司老板。这位老板知道周总的公司在印刷方面投资很大，想争取周总的生意。他带来了精美的样本、详细的价钱建议和热情的许诺。周总仍有礼貌地坐着，尽管他已经决定不把生意交给他，因为他迟到了 20 分钟。"准时"对于取得周总的公司的印刷业务是十分关键的。周总公司产品的印刷部件星期三送到，星期四装订，星期五发到周总下星期出席的座谈会地点，迟一天就跟迟一年那么糟糕。周总的公司可能要十多位工人在既定的一天来将销售信、小册子、订货单叠好塞进信封，如果印刷品没运到，啥事都干不成。所以，当那位印刷公司老板第一次会议就不能准时出席时，周总就推断出不能指望这个印刷公司老板能把他的工作干好。

能否守时，是一个人素质的体现，任何一个明智的老板都会像周总一样，从守时的细节中判断一个人能否担当重任。优秀的你，不要让区区 20 分钟毁掉你的前程。

1.1 美元与 1.5 美元

在富兰克林报社前面的商店里，一位犹豫了将近一个小时的男人终于开口问店员："这本书多少钱？"

"1 美元。"店员回答。

"1 美元？"这人又问，"你能不能少要点？"

"它的价格就是 1 美元。"没有别的回答。这位顾客又看了一会儿，然后问："富兰克林先生在吗？"

"在，"店员回答，"他在印刷室忙着呢。"

"那好，我要见见他。"这个人坚持一定要见富兰克林，于是富兰克林就被找了出来。

这个人问："富兰克林先生，这本书你能卖的最低价格是多少？"

"1.25 美元。"富兰克林不假思索地回答。

"1.25 美元？你的店员刚才还说 1 美元呢！"

"这没错，"富兰克林说，"但是，我现在情愿倒给你 1 美元也不愿意离开我的工作室。"

这位顾客惊异不已。他心想，算了，结束这场自己引起的麻烦吧，他说："好，这样，你说这本书最少要多少钱吧。"

"1.5 美元。"

"又变成 1.5 美元了？你刚才不还说 1.25 美元吗？"

"对。"富兰克林冷冷地说，"我现在能出的最少价钱就是 1.5 美元。"这人默默地把钱放到柜台上，拿起书出去了。这位著名的物理学家和政治家给他上了终生难忘的一课：对于有志者，时间就是金钱。

"你热爱生命吗？那么别浪费时间，因为时间是组成生命的材料。

记住，时间就是金钱。假如说，一个每天能挣 10 个先令的人，玩了半天，或躺在沙发上消磨了半天，他以为他在娱乐上仅仅花了 6 个便士而已。不对！他还失掉了他本可以获得的 5 个先令……记住，金钱就其本质来说，绝不是不能升值的。钱能生钱，而且它的子孙还会有更多的子孙……谁杀死一头生仔的猪，那就是消灭了它的子孙后代；如果谁毁掉了 5 先令的钱，那就是毁掉了它所能产生的一切，也就是说，毁掉了一座英镑之山。"

这是美国人本明杰·富兰克林的一段名言。它通俗而又直接地阐释了这样一个道理：如果想成功，必须重视时间的价值。

2. 守时是个人素质的体现

现代生活节奏的加快，呼唤着人们的时间意识。守时，已成为现代人所必备的素质之一。但是，不守时的情况经常在我们的身边发生。通知了几点开会，却总有那么几个人迟到；约会时间已到，有人就是不见踪影；要求什么时间要办完哪件事，到时也总有人不能按时完成……诸如此类事情屡见不鲜，让人心烦。

如果只是偶尔一次，似乎也情有可原，然而你仔细观察一下就会发现，在某些人身上不守时的事经常发生。在信息经济时代，时间的价值已远非自然经济和工业经济时代可比。如果不守时，那既浪费了自己的时间，也浪费了别人的生命。

守时就是遵守承诺，按时到达要去的地方，没有例外，没有借口，任何时候都得做到。即便你因为特殊原因不得不失约，也应该提前打电话通知对方，向对方表示你的歉意。这不是一件小事，它代表了你的素质和做人的态度。这里不是要告诉你守时这条原则的重要程度，是要告诉你一些它如此重要的原因。如果你不对别人的时间表示尊重，你也不能期望别人会尊重你的时间。一旦你不守时，你就会失去影响力或者道德的力量。但守时的人会赢得职员、助手、供货商、顾客……甚至每一个人的好感。

很多人没有时间观念，上班迟到、无法如期交件等时间就是成本，养成"时间成本"的观念，将会有助于你日后的晋升和工作效率的提高。若是想要在企业中生存下去，首先必须守时。做一名好员工，就要时刻记得遵守时间，不要迟到。

准时上班很重要，迟到是不能得到谅解的行为，因为这表示你对工作不够重视。一些年轻人刚到公司的时候，对公司的规章制度看得较轻，工作上虽十分卖力，但迟到早退却往往是纪律严明的公司所不能容忍的，因为他们认为守时是最基本也是最重要的品质。假如和人约好了时间却未准时到达，那别人对你的印象不只是大打折扣，而是立刻一落千丈。常常迟到、早退，或是事先毫无告知便突然请假，既会让事情变得杂乱无章，又会妨碍全体成员的工作进度。这样的人无法为他人所信赖的，更无法得到老板的信任。每个人都希望别人讲信用、遵守时间，那我们自己又该如何做呢？如何在自己的身边营造出一个守时重信的氛围呢？我们应该好好思考一下。

3.时间只珍爱爱惜它的人

成功人士都懂得守时。法国显赫一时的政治家、军事家拿破仑，一次宴请部下几位将军，并在饭后议事。那几位将军迟到了，他便一个人先吃起来，等他们到后，他已经吃完了。他对将军们说："诸位，聚餐的时间过了，现在咱们开始研究事情吧。"他丝毫不理会那些不守时的将军们的饥饿和窘境。

抗日将领冯玉祥将军对不遵守时间的人深恶痛绝。为此写下了警世之联：一桌子点心，半桌子水果，哪知民间疾苦；两点钟开会，四点钟到齐，岂是革命精神。

时间是最公正的消耗品，在它面前，人人平等。

时间最珍爱爱惜它的人们。声色犬马，碌碌无为，时间就会从你的身边悄悄溜走；不断学习，充实自己，你就会觉得时间在有意为你放慢。

守时能使人生活不懒散，进而奋发工作；守时是对他人守信，必能获得人和；守时是守法的基本，自然受人尊敬。同时，守时也关系到国家的安危。

战国时期，各诸侯国征战不休，连吃败仗的齐景公派田穰苴将军，与宠臣庄贾领兵回击。庄贾因受景公宠爱而专横狂妄未按约定时间到军营，田穰苴因此将庄贾就地斩首。由此可知，守时是自古以来成败安危的关键。

（1）守时是社交的礼貌。

如果我们跟别人约好时间，就不能迟到。常有人约会迟到了，却振振有词地说：因为堵车，因为临时的电话，因为出门前有访客……这些都不是理由，不浪费别人的时间，才是最好的理由。你已经与别人约好了时间，就不能迟到，因为这是失礼的行为，而且在商场上，如果迟到了，必然因此而丧失合作的机会，所以守时是社交的一种礼貌。

（2）守时是生活的义务。

在职场上，上下班要守时，交货、付款要守时，这是职业的基本道德；在生活中，上下飞机要守时，搭乘火车要守时，参加社会活动也要守时，这是国民基本的礼仪；学生上下学要守时，吃饭、睡觉、交作业、交试卷也要守时，这是青少年应有的学习态度。所以，守时是生活中的一种义务。

（3）守时是领导者的需要。

守时就是惜时，就是对他人及对自己的尊重。一个领导者，要能让部属对他的领导服从，守时是最基本的要件之一。如果领导者上班迟到，开会也迟到，如此会让部下对他的言行不信任，甚至也会对他的领导产生怀疑。所以，守时是领导者的一种必须。

建立良好的人际关系

在办公室中，难免有争斗。如果你闭上眼睛漠视"办公室政治"的存在，那将是十分不明智的。因为你迟早会被卷入其中，有所准备，才有存活机会。

弗亚在某跨国传媒公司下属的一个办事处工作，和其他4名员工一起，在频道主编的带领下，努力地工作，他们负责的频道眼看着日长夜大。谁也没想到，一场因为值班而引发的争斗悄悄降临……

一个周末，轮到弗亚这一组值班；一位同事头天加班，早晨晚到了一会儿。弗亚因为生病，也是下午才过去。不料这些都被"顺带路过"的分站总编看在眼里。第二天，公司里开始盛传"××频道的员工不肯值班"，好在频道主编挺身而出，替他们作了澄清……事情很快平息，但总编和他们的关系从此急转直下。

当别的频道还在建设中时，弗亚这一组已完成了所有的准备。可在例会上，总编却要求他们加班，说是"权当作给上面看，样子卖力点，也好加工资。"却遭到了频道主编的反驳：效率出工作，没必要做"秀"嘛。看得出来，总编脸上有点挂不住。

两个月后，总编总算钻到了"空子"：频道主编怀孕开始休假。第二天，总编立马就给××频道"穿小鞋"——每天召开三刻钟会议，一开就是一星期，会议的主题只有一个：反复强调剩下的4个人要对他直接负责，××频道的内容需要全面调整。

以后，总编的小动作不断：试用期过了，弗亚的工资却明增暗减，公司里更在盛传，××频道已经被判了"死刑"。

谣言很快变成了现实，一个月后，总编直截了当地对弗亚说："公司里要调整职位，你的文笔不错，应该可以找到新的工作。"很快，另外三个人也遭厄运：一个同样被辞，总编找人传个话，就把他打发了；一个调到市场部；最后一个"独木难成林"，请了长病假。人事经理事后悄悄告诉弗亚先生："你们的上司不在，谁也保不住你们。"

1. 你有自危意识吗

置身在社会之中，与他人为伍，你知道远离隐患吗？你有自危意识吗？社会，就是一个大杂烩，好人、善良、光明，对你有益无害；可是遇上坏人、歹徒、不法分子和其他罪恶及堕落，如果你始料不及，毫无戒备，你就有可能蒙受伤害和损失，给你的人生造成不可挽回的灾难。

应该说明的是，远离隐患和自危意识，不是让人逃避人生，谨小慎微到胆小怕事的程度，而是让人增加对环境的了解，对周围的人和事有更清醒的认识，从而减少盲目，争取主动。在必须面对风险时，人还是要挺起胸膛，端起冲锋枪，显出直面人生的英雄本色。只是英雄气短，儿女情长。人一生不能意气用事，而是要使用智慧。通过智谋和韬略来降低风险、灾难和敌害的程度，让自己的人生无伤而全。尤其在没有必要硬顶的时候，更要多用智谋，少用意气。如在对付一只讨厌的苍蝇时，大可不必盛怒击之，赶走即可。

2. 适当建立朋友圈

人是不能完全孤立的，在一个工作环境中不可能不与他人接触。实际上，在工作中适当地交些朋友，掌握好交往的分寸，就可以避免不必要的麻烦，同时还能够有利于工作的开展。

20世纪，"要一间自己的屋子"是人们共同的呐喊；21世纪，"要一个自己的圈子"的声音日益壮大。生存的智慧和生活的品质，变得缺一不可：努力工作，但绝不让脸色变得枯槁；爱护家庭，但绝不婆婆妈妈、拖泥带水；享受爱情，但更看重自己与朋友们之间自得其乐的"约会"；把握现在，但更懂得积极地设计自己的未来。

（1）初步建立"圈子"。

成功建立关系网的关键是和适当的人建立稳固的关系。良好的人际关系能拓宽你生活的视野，让你了解周围所发生的一切，并提高你倾听和交流的能力。

（2）扩大"圈子"。

"圈子"不能一成不变，像盖好的楼盘，要想着开发第二期。在打造关系网的过程中，已经认识的人很重要。你目前的联络网是铺造你未来关系网的桥梁。他们都有自己的熟人，而他们所熟识的人又有各自的熟人。总是几张老脸相对，哪还来得新鲜？现在，高先生虽说已无暇每天写 20 封信，但他依然约束自己每天至少给新朋老友打 5 个电话，所以他的"圈子"还在扩大。你的"圈中人"不可能只认识你一个，不妨互通有无，带好各自的朋友扩大联盟。这样交叉着，你的"圈子"很容易扩张，你的获得就永远新鲜。

（3）我能为别人做什么。

建造关系网络必须遵守的规则，不是"别人能为我做什么"，而是"我能为别人做什么"。在回答别人的问题时，不妨再接着问一下，"我能为你做些什么"。

（4）保持联络。

保持联络是成功建立关系网络的另一关键。

成功在很大程度上取决于你拥有多大的影响力，与恰当的人建立稳固关系对此至为关键。

3. 适当保持交往距离

在社交场合中，总会碰到同学、朋友或兴趣相投者，若能与他们建立良好的人际关系，往往可以从他们那里获得许多不同的建议和指导，这点对刚走上工作岗位的年轻人大有好处。然而人际关系的好坏，不只影响到在公司里与同事之间的相处，更可扩大到公司外围与人的交往，所以必须小心处理。

在这里必须注意的是，应该保持适当的距离。如果你和某位同事过于亲近，结果可能影响到你和旁人的交往。因此在能力可及的情况下，应当尽量扩展你和同事的交往范围，采取平等往来的原则。

如果同样是来自前辈的邀约，而在时间上有所冲突，则应该优先考虑与你同一部门，属于工作的伙伴者。毕竟在公司内，一切都应该以工作上的关系作为首要的考虑对象。

在公司里，多嘴和少言相比，绝对是少言的人比较容易成功，因为这样的人懂得保持适当的沉默，保持适当的交往距离，既不让人觉得冷漠无情，又免除许多失言的麻烦。

职场上，话多不一定是好事，为了有效，你必须懂得怎样讲话，也要懂得如何及时保持沉默。也就是该说的要说，不该说的绝对不能说。

保持沉默并不意味着拒绝参与、默许或怯懦；相反，有时候沉默是一种积极的、理智的选择，它不包括因愤怒或一时冲动而拒绝开口的情形。沉默是有目的地保持安静，深谋远虑地倾听，有意识地选择不讲话，除非讲话比不讲话能有更多的收获。

沉默像乐曲中的休止符，它不仅是声音上的空白，更是内容的延伸和升华。它是一种无声的特殊语言，是一种不用动口的口才。

当你恰当地采用沉默时，会加强你的形象和神秘感，减少因知识不足或急促应答而犯的错误，能集中精力从别人的话语中学到更多的东西；使别人处于舞台中心，自己可以旁观；避开你不想讨论的问题，掌握谈话的方向。

沉默不是缺乏口才和幼稚的表现，用保持沉默的方法，你还会感到心灵上的安静、平和；使你确实要说的话显得有分量；显示你的自信、决断的修养；避免泄密；避免言多语失，引发冲突；准确无误地表明你已经说了"所要说的"。

学会保持沉默，就会省却许多言行不当的担心，也不会轻率地做出不合时宜的事情，逐渐树立自己控制讲话时机的信心。

当然，沉默只有运用得恰到好处，才能收到"无声胜有声"之效。在你练习"保持沉默"的时候，记住，有时候沉默的功效与语言一样多。的确，为了传达某种信息，有时候什么也不说会是一种最好的方法。但如果不分场合，故作高深而滥用沉默，其结果只会事与愿违，只能给人以矫揉造作、难以捉摸的感觉。我们在运用沉默时，不应该把它和语言截然分开。恰恰相反，沉默和语言的和谐一致、相辅相成，才算是沉默的成功。